·林木种质资源技术规范丛书·
丛书主编：郑勇奇 林富荣

（2-8）

槐种质资源
描述规范和数据标准

DESCRIPTORS AND DATA STANDARDS FOR CHINESE SCHOLAR TREE

[STYPHNOLOBIUM JAPONICUM (L.) SCHOTT]

宗亦臣 郑勇奇 郭文英 / 主编

图书在版编目(CIP)数据

槐种质资源描述规范和数据标准/宗亦臣,郑勇奇,郭文英主编. — 北京：中国林业出版社,2023.9
ISBN 978-7-5219-2270-7

Ⅰ.①槐… Ⅱ.①宗…②郑…③郭… Ⅲ.①槐树-种质资源-描写-规范 ②槐树-种质资源-数据-标准 Ⅳ.①S792.260.4

中国国家版本馆CIP数据核字(2023)第136905号

责任编辑：张　华
封面设计：刘临川

出版发行	中国林业出版社(100009,北京市西城区刘海胡同7号,电话83143566)
电子邮箱	cfphzbs@163.com
网　　址	www.forestry.gov.cn/lycb.html
印　　刷	北京中科印刷有限公司
版　　次	2023年9月第1版
印　　次	2023年9月第1次印刷
开　　本	787mm×1092mm　1/16
印　　张	5.625
字　　数	110千字
定　　价	39.00元

林木种质资源技术规范丛书编辑委员会

主　编	郑勇奇　林富荣
副主编	李　斌　宗亦臣　郭文英　黄　平
编　委	（以姓氏笔画为序）

王　雁　　王军辉　　乌云塔娜　尹光天　　兰士波
邢世岩　　吐拉克孜　刘　军　　刘　儒　　江香梅
李　昆　　李　斌　　李文英　　杨锦昌　　张冬梅
邵文豪　　林富荣　　罗建中　　罗建勋　　郑勇奇
郑　健　　宗亦臣　　施士争　　姜景民　　夏合新
郭文英　　郭起荣　　黄　平　　程诗明　　童再康

总审校　李文英

《槐种质资源描述规范和数据标准》编者

主　编　宗亦臣　郑勇奇　郭文英

副主编　林富荣　褚建民　黄　平　黄　骐

执笔人　宗亦臣　林富荣

审稿人　李文英

林木种质资源技术规范丛书

前　言　PREFACE

林木种质资源是林木育种的物质基础，是林业可持续发展和维护生物多样性的重要保障，是国家重要的战略资源。中国林木种质资源种类多、数量大，在国际上占有重要地位，是世界上树种和林木种质资源最丰富的国家之一。

我国的林木种质资源收集保存与资源数字化工作始于20世纪80年代，至2018年年底，国家林木种质资源平台已累计完成9万余份林木种质资源整理和共性描述。但与我国林木种质资源的丰富程度相比，尚缺乏林木种质资源相关技术规范，尤其是特征特性描述规范严重滞后，远不能满足我国林木种质资源规范描述和有效管理的需求。林木种质资源的特征特性描述为育种者和资源使用者广泛关注，对林木遗传改良和良种生产具有重要作用。因此，开展林木种质资源技术规范丛书的编撰工作十分必要。

林木种质资源技术规范的制定是实现我国林木种质资源工作标准化、数字化、信息化，实现林木种质资源高效管理的一项重要任务，也是林木种质资源研究和利用的迫切需要。其主要作用：①规范林木种质资源的收集、整理、保存、鉴定、评价和利用；②评价林木种质资源的遗传多样性和丰富度；③提高林木种质资源整合的效率，实现林木种质资源的共享和高效利用。

林木种质资源技术规范丛书是我国首次对林木种质资源工作和

重点林木树种种质资源的描述进行规范，旨在为林木种质资源的调查、收集、编目、整理、保存等工作提供技术依据。

林木种质资源技术规范丛书的编撰出版，是国家林木种质资源平台的重要任务之一，受到科技部平台中心、国家林业和草原局等主管部门指导，并得到中国林业科学研究院和平台参加单位的大力支持，在此谨致诚挚的谢意。

由于书中涉及范围较多，难免有疏漏之处，恳请读者批评指正。

丛书编辑委员会

2019 年 5 月

前言 PREFACE

槐[*Styphnolobium japonicum* (L.) Schott]又名槐树、国槐、家槐、宫槐等，为豆科(Fabaceae)槐属(*Styphnolobium*)落叶乔木，高达25 m，分布在北起东北南部，西北至陕西、甘肃南部，西南至四川、云南海拔2 600 m以下，南至广东、广西等地。槐作为观赏绿化树种，被引种到日本和朝鲜、韩国、越南、英国、瑞士等世界多个国家。槐属植物约70种，中国有16种。按植物分类学，槐除原种槐外，还有毛叶槐(*Styphnolobium japonicum* var. *pubescens*)、堇花槐(*Styphnolobium japonicum* var. *violacea*)、宜昌槐(*Styphnolobium japonicum* var. *vestita*)3个变种，龙爪槐(*Styphnolobium japonicum* f. *pendula*)、五叶槐(*Styphnolobium japonicum* f. *oligophylla*)2个变型，以及金叶槐、聊红槐、双季米槐、金枝槐等栽培品种。

槐为我国华北平原、黄土高原等区域的常见树种，在这些地区的农村、城市都保存有许多古槐。槐在我国已有超过3 000年的引种和栽培历史，目前国内已没有自然分布的野生槐种质。槐被利用的历史有文献明确记载的可推至西周，是最早被华夏民族开发利用的树种之一，其栽培历史悠久，文化底蕴深厚。目前，国内各地都有保存完好的古槐，有些被认定为周槐、汉槐、唐槐、宋槐，元明清时期的古槐就更多了。这些古树是活的华夏历史和华夏文明的见证者，也是历经千年保存下来的种质资源，伴随着华夏民族的发展和迁徙，散落在殿堂、庙宇、古村落。"问我家乡自何处，山西洪洞大槐树"，一句话道尽了无限的乡愁。目前，北京、西安、泰安、太原、保定、石家庄等多个城市把槐列为市树。槐作为一种抗逆性极强的绿化树种，加强其种质资源收集、保存、评价和利用，开展槐种质的规范描述是一项非常有意义的工作。

规范标准是国家科技资源共享平台建设的基础，槐种质资源描述规范和数据标准的制定是国家林木种质资源平台建设的重要内容。制定统一的槐种质资源规范标准，有利于整合中国槐种质资源，规范槐种质资源的收集、整理和保存等基础性工作，创造良好的资源和信息共享的环境和条件；有利于保护和利用槐种质资源，充分挖掘其潜在的经济、社会和园林生态价值，促进我国槐种质资源研究的有序和高效发展。

槐种质资源描述规范规定了槐种质资源的描述符及其分级标准，以便对槐种质资源进行标准化整理和数字化表达。槐种质资源数据标准规定了槐种质资源各描述符的字段名称、类型、长度、小数位、代码等，以便建立统一的、规范的槐种质资源数据库。槐种质资源数据质量控制规范规定了槐种质资源数据采集全过程中的质量控制内容和质量控制方法，以保证数据的系统性、可比性和可靠性。

《槐种质资源描述规范和数据标准》由国家林业和草原种质资源库(平台)依托中国林业科学研究院林业研究所主持编写，并得到了国家林业和草原局滨海林业研究中心、福建省林业调查规划院、山西省林业科学研究院等单位的大力支持，特此致谢。在编写过程中，参考了国内外相关文献，由于篇幅所限，书中仅列主要参考文献；本册图书插图由中国林业科学研究院博士研究生臧凤岐绘制，在此一并致谢。

由于编者水平有限，错误和疏漏之处在所难免，恳请批评指正。

编者

2023 年 4 月

林木种质资源技术规范丛书前言

前言

一　槐种质资源描述规范和数据标准制定的原则和方法 …………………… 1
二　槐种质资源描述简表 …………………………………………………… 3
三　槐种质资源描述规范 …………………………………………………… 9
四　槐种质资源数据标准 …………………………………………………… 30
五　槐种质资源数据质量控制规范 ………………………………………… 46
六　槐种质资源数据采集表 ………………………………………………… 71
七　槐种质资源调查登记表 ………………………………………………… 75
八　槐种质资源利用情况登记表 …………………………………………… 76
参考文献 ……………………………………………………………………… 77

槐种质资源描述规范和数据标准制定的原则和方法

1 槐种质资源描述规范制定的原则和方法

1.1 原则
1.1.1 优先采用现有数据库中的描述符和描述标准。
1.1.2 以种质资源研究为主,兼顾生产与市场需要。
1.1.3 立足中国现有基础,考虑将来发展,尽量与国际接轨。

1.2 方法和要求
1.2.1 描述符类别分为6类。
    1 基本信息
    2 形态特征和生物学特性
    3 品质特性
    4 抗逆性
    5 抗病虫性
    6 其他特征特性

1.2.2 描述符代号由描述符类别加两位顺序号组成,如"110""208""501"等。

1.2.3 描述符性质分为3类。
    M 必选描述符(所有种质必须鉴定评价的描述符)
    O 可选描述符(可选择鉴定评价的描述符)
    C 条件描述符(只对特定种质进行鉴定评价的描述符)

1.2.4 描述符的代码应是有序的,如数量性状从细到粗、从低到高、从小到大、从少到多、从弱到强、从差到好排列,颜色从浅到深,抗性从强到弱等。

1.2.5 每个描述符应有一个基本的定义或说明。数量性状标明单位，质量性状应有评价标准和等级划分。

1.2.6 植物学形态描述符一般附模式图。

1.2.7 重要数量性状以数值表示。

2 槐种质资源数据标准制定的原则和方法

2.1 原则

2.1.1 数据标准中的描述符与描述规范相一致。

2.1.2 数据标准优先考虑现有数据库中的数据标准。

2.2 方法和要求

2.2.1 数据标准中的代号与描述规范中的代号一致。

2.2.2 字段名最长20位。

2.2.3 字段类型分字符型(C)、数值型(N)和日期型(D)。日期型的格式为"YYYYMMDD"。

2.2.4 经度的类型为N，格式为DDDFFMM；纬度的类型为N，格式为DDFFMM，其中D为度，F为分，M为秒；东经以正数表示，西经以负数表示；北纬以正数表示，南纬以负数表示。如"1213533""-392225"。

3 槐种质资源数据质量控制规范制定的原则和方法

3.1.1 采集的数据应具有系统性、可比性和可靠性。

3.1.2 数据质量控制以过程控制为主，兼顾结果控制。

3.1.3 数据质量控制方法具有可操作性。

3.1.4 鉴定评价方法以现行国家标准和行业标准为首选依据；如无国家标准和行业标准，则以国际标准或国内比较公认的先进方法为依据。

3.1.5 每个描述符的质量控制应建立在田间设计的基础上，包括样本数或群体大小、时间或时期、取样数和取样方法、计量单位、精度和允许误差以及采用的鉴定评价规范和标准、使用的仪器设备、性状的观测和等级划分方法、数据校验和数据分析。

槐种质资源描述简表

序号	代号	描述符	描述符性质	单位或代码
1	101	资源流水号	M	
2	102	资源编号	M	
3	103	种质名称	M	
4	104	种质外文名	O	
5	105	科中文名	M	
6	106	科拉丁名	M	
7	107	属中文名	M	
8	108	属拉丁名	M	
9	109	种名或亚种名	M	
10	110	种拉丁名	M	
11	111	原产地	M	
12	112	原产省份	M	
13	113	原产国家	M	
14	114	来源地	M	
15	115	归类编码	O	
16	116	资源类型	M	1：野生资源(群体、种源) 2：野生资源(家系) 3：野生资源(个体、基因型) 4：地方品种 5 选育品种 6：遗传材料 7：其他
17	117	主要特征	M	1：高产 2：优质 3：抗病 4：抗虫 5：抗逆 6：高效 7：其他
18	118	主要用途	M	1：材用 2：食用 3：药用 4：防护 5：观赏 6：其他

(续)

序号	代号	描述符	描述符性质	单位或代码
19	119	气候带	M	1：热带　2：亚热带　3：温带　4：寒温带　5：寒带
20	120	生长习性	M	1：喜光　2：耐盐碱　3：喜水肥　4：耐干旱
21	121	开花结实特性	M	
22	122	特征特性	M	
23	123	具体用途	M	
24	124	观测地点	M	
25	125	繁殖方式	M	1：有性繁殖(种子繁殖)　2：有性繁殖(胎生繁殖)　3：无性繁殖(扦插繁殖)　4：无性繁殖(嫁接繁殖)　5：无性繁殖(根蘖)　6：无性繁殖(分蘖繁殖)
26	126	选育(采集)单位	C	
27	127	育成年份	C	
28	128	海拔	M	m
29	129	经度	M	
30	130	纬度	M	
31	131	土壤类型	O	
32	132	生态环境	O	
33	133	年均温度	O	℃
34	134	年均降水量	O	mm
35	135	图像	M	
36	136	记录地址	O	
37	137	保存单位	M	
38	138	单位编号	M	
39	139	库编号	O	
40	140	引种号	O	
41	141	采集号	O	
42	142	保存时间	M	YYYYMMDD
43	143	保存材料类型	M	1：植株　2：种子　3：营养器官(穗条等)　4：花粉　5：培养物(组培材料)　6：其他
44	144	保存方式	M	1：原地保存　2：异地保存　3：设施(低温库)保存
45	145	实物状态	M	1：良好　2：中等　3：较差　4：缺失

(续)

序号	代号	描述符	描述符性质	单位或代码
46	146	共享方式	M	1：公益性 2：公益借用 3：合作研究 4：知识产权交易 5：资源纯交易 6：资源租赁 7：资源交换 8：收藏地共享 9：行政许可 10：不共享
47	147	获取途径	M	1：邮递 2：现场获取 3：网上订购 4：其他
48	148	联系方式	M	
49	149	源数据主键	O	
50	150	关联项目及编号	M	
51	201	生活型	M	1：乔木 2：小乔木
52	202	树姿	M	1：直立 2：开张 3：平展 4：下垂
53	203	树形	M	1：卵形 2：圆头形 3：伞形
54	204	生长势	M	1：弱 2：中 3：强
55	205	树高	O	m
56	206	胸径	O	cm
57	207	冠幅	O	m
58	208	主干高	O	m
59	209	通直度	M	1：通直 2：弯曲
60	210	幼树树皮颜色	O	1：灰绿 2：灰褐 3：黄绿 4：其他
61	211	幼树皮孔颜色	O	1：褐色 2：其他
62	212	幼树皮孔排列	O	1：横 2：纵 3：横纵兼有
63	213	幼树皮孔密度	O	1：疏 2：中 3：密
64	214	树皮颜色	M	1：灰绿 2：灰白 3：灰褐 4：其他
65	215	树皮开裂形状	M	1：不开裂 2：浅裂 3：深裂
66	216	树皮开裂形式	M	1：纵裂 2：横裂 3：其他
67	217	树皮剥落	M	1：是 2：否
68	218	树干皮孔	M	1：清晰可见 2：隐约可见 3：无
69	219	根颈根系凸起	O	1：是 2：否
70	220	枝条扭曲	M	1：是 2：否
71	221	枝条密度	M	1：稀疏 2：中等 3：密集
72	222	幼枝颜色	M	1：绿 2：黄绿 3：黄 4：其他
73	223	枝下高	O	m
74	224	自然整枝	O	1：差 2：中等 3：好
75	225	复叶类型	M	1：羽状复叶 2：掌状复叶
76	226	复叶长度	O	cm

(续)

序号	代号	描述符	描述符性质	单位或代码
77	227	复叶宽度	O	cm
78	228	托叶形状	M	1：卵形 2：线形 3：钻状 4：其他
79	229	小叶形状	M	1：卵状披针形 2：卵状长圆形 3：其他
80	230	小叶叶基形状	M	1：宽楔形 2：近圆形 3：其他
81	231	小叶叶缘形状	M	1：全缘 2：浅裂 3：深裂
82	232	叶着色类型	M	1：均色 2：嵌色
83	233	均色叶颜色	M	1：浅绿 2：绿 3：深绿 4：黄绿 5：其他
84	234	嵌色叶主色	M	1：黄 2：浅绿 3：绿 4：深绿 5：其他
85	235	嵌色叶次色	M	1：黄 2：绿 3：其他
86	236	叶背颜色	M	1：灰白 2：其他
87	237	叶背被毛	M	1：有 2：无
88	238	叶尖形状	M	1：渐尖 2：钝尖 3：凹陷 4：其他
89	239	小叶对数	M	1：1~2对 2：3~7对 3：7对以上
90	240	小叶长度	O	cm
91	241	小叶宽度	O	cm
92	242	花序类型	M	1：圆锥花序 2：其他
93	243	花萼形状	M	1：浅钟状 2：其他
94	244	萼齿形状	M	1：圆形 2：钝三角形 3：其他
95	245	花冠形状	M	1：蝶形 2：其他
96	246	花着色类型	M	1：均色 2：间色
97	247	间色花类型	M	1：旗瓣间色 2：翼瓣间色 3：龙骨瓣间色 4：其他
98	248	均色花冠颜色	M	1：白 2：淡黄 3：其他
99	249	间色花主色	M	1：白 2：淡黄 3：浅粉红 4：其他
100	250	旗瓣颜色	M	1：白 2：淡黄 3：浅粉红 4：其他
101	251	旗瓣形状	M	1：近圆形 2：其他
102	252	翼瓣颜色	M	1：白 2：淡黄 3：淡紫 4：其他
103	253	翼瓣形状	M	1：卵状长圆形 2：其他
104	254	龙骨瓣颜色	M	1：白 2：淡黄 3：淡紫 4：其他
105	255	龙骨瓣形状	M	1：阔卵状长圆形 2：其他
106	256	荚果形状	M	1：串珠状 2：其他
107	257	荚果长度	O	cm
108	258	荚果宽度	O	cm

(续)

序号	代号	描述符	描述符性质	单位或代码
109	259	荚果开裂	M	1：开裂　2：不开裂
110	260	种子形状	M	1：椭圆形　2：圆形　3：卵形　4：其他
111	261	种子颜色	M	1：褐　2：黑　3：其他
112	262	种子长度	O	mm
113	263	种子宽度	O	mm
114	264	种子千粒重	O	g
115	265	分枝能力	M	1：低　2：中等　3：强
116	266	结实情况	O	1：有　2：无
117	267	萌芽期	O	月日
118	268	始花期	O	月日
119	269	盛花期	O	月日
120	270	末花期	O	月日
121	271	果实成熟期	O	月日
122	272	落叶期	O	月日
123	273	生长期	O	d
124	301	种子总黄酮含量	O	mg/g
125	302	种子槐角苷含量	O	mg/g
126	303	种子芦丁含量	O	mg/g
127	304	种子槲皮素含量	O	mg/g
128	401	抗寒性	O	1：弱　2：中　3：强
129	402	抗旱性	O	1：弱　2：中　3：强
130	403	耐涝性	O	1：弱　2：中　3：强
131	404	槐腐烂病抗性	O	1：高抗(HR)　3：抗(R)　5：中抗(MR)　7：感染(S)　9：高感(HS)
132	405	槐瘤锈病抗性	O	1：高抗(HR)　3：抗(R)　5：中抗(MR)　7：感染(S)　9：高感(HS)
133	406	槐小卷叶蛾抗性	O	1：高抗(HR)　3：抗(R)　5：中抗(MR)　7：感染(S)　9：高感(HS)
134	407	槐尺蠖抗性	O	1：高抗(HR)　3：抗(R)　5：中抗(MR)　7：感染(S)　9：高感(HS)
135	408	槐蚜抗性	O	1：高抗(HR)　3：抗(R)　5：中抗(MR)　7：感染(S)　9：高感(HS)
136	501	古树名木	C/古树	1：是　2：否
137	502	保护级别	C/古树	1：一级　2：二级　3：三级

（续）

序号	代号	描述符	描述符性质	单位或代码
138	503	古树树龄	C/古树	年
139	504	主干中空	C/古树	1：是 2：否
140	505	健康状况	C/古树	1：弱 2：中 3：强
141	506	古树树高	C/古树	m
142	507	古树胸径	C/古树	cm
143	508	古树冠幅	C/古树	m
144	601	指纹图谱与分子标记	O	
145	602	备注	O	

槐种质资源描述规范

1 范围

本规范规定了槐种质资源的描述符及其分级标准。

本规范适用于槐种质资源的收集、整理和保存，数据标准和数据质量控制规范的制定，以及数据库和信息共享网络系统的建立。

2 规范性引用文件

下列文件中的条款通过本规范的引用而成为本规范的条款。凡是注日期的引用文件，其随后所有的修改单(不包括勘误的内容)或修订版均不适用于本规范，然而，鼓励根据本规范达成协议的各方研究是否可使用这些文件的最新版本。凡是不注日期的引用文件，其最新版本适用于本规范。

GB/T 2659—2000　世界各国和地区名称代码
GB/T 2260—2007　中华人民共和国行政区划代码
GB/T 12404—1997　单位隶属关系代码
LY/T 2192—2013　林木种质资源共性描述规范
GB/T 14072—1993　林木种质资源保存原则与方法
The Royal Horticultural Society's Colour Chart
GB 10016—88　林木种子贮藏
GB 2772—1999　林木种子检验规程
GB 7908—1999　林木种子质量分级
GB/T 16620—1996　林木育种及种子管理术语

LY/T 1849—2009　植物新品种特异性、一致性、稳定性测试指南　槐属

3　术语和定义

3.1　槐
槐[*Styphnolobium japonicum*（L.）Schott]是豆科（Fabaceae）槐属（*Styphnolobium*）落叶大乔木，是我国抗逆性极强的绿化树种，也是兼具观赏、食用和药用等多种用途和利用价值的树种。

3.2　槐种质资源
本标准中槐种质资源是指豆科槐属槐中用以绿化、造林、生产或培育新品种的各种槐原材料，包含槐原种及其不同生态型、自然品种（包括农家品种）、古槐以及选育品种的植株、种子、枝条、花粉等能够繁殖应用的生物材料。

3.3　基本信息
槐种质资源基本情况描述信息，包括资源编号、种质名称、学名、原产地、种质类型等。

3.4　形态特征和生物学特性
槐种质资源在保存地的植物学形态、生长节律以及物候期等性状的特征特性。

3.5　品质特性
槐种质资源经济意义上的性状，包括种子总黄酮含量、种子槐角苷含量、种子芦丁含量、种子槲皮素含量等品质性状。

3.6　抗逆性
槐种质资源对各种非生物胁迫的适应或抵抗能力，包括抗寒性、抗旱性、耐涝性、抗盐性等。

3.7　抗病虫性
槐种质资源对各种生物胁迫的适应或抵抗能力，包括腐烂病、瘤锈病等，虫害主要包括槐小卷叶蛾、槐尺蠖、槐蚜等。

3.8　古树特征特性
古槐种质资源的特征特性，如古树胸径、树高、冠幅、古树保护级别等性状。

3.9　其他特征特性
槐种质资源性状的稳定性、分子标记指纹图谱等。

4 基本信息

4.1 资源流水号
槐种质资源进入数据库自动生成的编号。

4.2 资源编号
槐种质资源的全国统一编号。由15位符号组成，即树种代码(5位)+保存地代码(6位)+顺序号(4位)。

——树种代码：采用树种学名(拉丁名)的属名前2位+种加词前3位组成，槐树种代码：STJAP；

——保存地代码：是指资源保存地所在县级行政区域的代码，按照《中华人民共和国行政区划代码》(GB/T 2260—2007)的规定执行；

——顺序号：该类资源在保存库中的顺序号。

4.3 种质名称
每份槐种质资源的中文名称。

4.4 种质外文名
国外引进槐种质的外文名，国内种质资源不填写。

4.5 科中文名
豆科。

4.6 科拉丁名
Fabaceae。

4.7 属中文名
槐属。

4.8 属拉丁名
Styphnolobium。

4.9 种名或亚种名
槐种质资源在植物分类学上种(Species)或亚种(Subspecies)的名称，即槐。

4.10 种拉丁名
Styphnolobium japonicum（L.）Schott。

4.11 原产地
国内槐种质资源的原产县、乡镇、村、林场名称。依照国家标准《中华人民共和国行政区划代码》(GB/T 2260—2007)，填写原产县、自治县、县级市、市辖区、旗、自治旗、林区的名称以及具体的乡镇、村、林场等名称。

4.12 原产省份

国内槐种质资源原产省份,依照国家标准《中华人民共和国行政区划代码》(GB/T 2260—2007),填写原产省(自治区、直辖市)的名称;国外引进槐种质资源原产国家(或地区)一级行政区的名称。

4.13 原产国家

槐种质资源的原产国家或地区的名称,依照国家标准《世界各国和地区名称代码》(GB/T 2659—2000)中的规范名称填写。

4.14 来源地

国外引进槐种质资源的来源国家名称、地区名称或国际组织名称;国内槐种质资源的来源省、县名称。

4.15 归类编码

采用国家自然科技资源共享平台编制的《自然科技资源共性描述规范》,依据其中"植物种质资源分级归类与编码表"中林木部分进行编码(11位)。不能归并到末级的资源,可以归到上一级,后面补齐000。槐的归类编码为11131117157。

4.16 资源类型

槐种质资源类型分为7类。

  1 野生资源(群体、种源)
  2 野生资源(家系)
  3 野生资源(个体、基因型)
  4 地方品种
  5 选育品种
  6 遗传材料
  7 其他

4.17 主要特征

槐种质资源的主要特性。

  1 高产
  2 优质
  3 抗病
  4 抗虫
  5 抗逆
  6 高效
  7 其他

4.18 主要用途

槐种质资源的主要用途。

1 材用

2 食用

3 药用

4 防护

5 观赏

6 其他

4.19 气候带

槐种质资源原产地所属气候带。

1 热带

2 亚热带

3 温带

4 寒温带

5 寒带

4.20 生长习性

描述槐种质资源在长期自然选择中表现的生长、适应或喜好。

1 喜光

2 耐盐碱

3 喜水肥

4 耐干旱

4.21 开花结实特性

槐种质资源开花和结实周期。

4.22 特征特性

槐种质资源可识别或独特的形态、特性。

4.23 具体用途

槐种质资源具有的特殊价值和用途。

4.24 观测地点

槐种质资源形态、特性观测测定的地点。

4.25 繁殖方式

槐种质资源的繁殖方式。

1 有性繁殖(种子繁殖)

2 有性繁殖(胎生繁殖)

3 无性繁殖(扦插繁殖)

4 无性繁殖(嫁接繁殖)

5 无性繁殖(根蘖)

6 无性繁殖(分蘖繁殖)

4.26 选育(采集)单位
选育槐品种的单位或个人(野生资源的采集单位或个人)。

4.27 育成年份
槐品种育成的年份,以"年度"表示,格式为YYYY。

4.28 海拔
槐种质原产地的海拔高度,单位为m。

4.29 经度
槐种质原产地的经度,格式为DDDFFMM,其中DDD为度,FF为分,MM为秒。东经以正数表示,西经以负数表示。

4.30 纬度
槐种质原产地的纬度,格式为DDFFMM,其中DD为度,FF为分,MM为秒。北纬以正数表示,南纬以负数表示。

4.31 土壤类型
槐种质资源原产地的土壤条件,包括土壤质地、土壤名称、土壤酸碱度或性质等。

4.32 生态环境
槐种质资源原产地的自然生态系统类型。

4.33 年均温度
槐种质资源原产地的年平均温度,通常用当地最近气象台近30~50年的年均温度(℃)。

4.34 年均降水量
槐种质资源原产地的年均降水量,通常用当地最近气象台近30~50年的年均降水量(mm)。

4.35 图像
槐种质的图像信息,图像格式为.jpg。

4.36 记录地址
提供槐种质资源详细信息的网址或数据库记录链接。

4.37 保存单位
槐种质资源的保存单位名称(全称)。

4.38 单位编号
槐种质资源在保存单位中的编号。

4.39 库编号
槐种质资源在种质资源库或圃中的编号。

4.40 引种号
槐种质资源从国外引入时的编号。

4.41 采集号
槐种质资源在野外采集时的编号。

4.42 保存时间
槐种质资源被收藏单位收藏或保存的时间，以"年月日"表示，格式为"YYYYMMDD"。

4.43 保存材料类型
保存的槐种质材料的类型。
1 植株
2 种子
3 营养器官(穗条等)
4 花粉
5 培养物(组培材料)
6 其他

4.44 保存方式
槐种质资源保存的方式。
1 原地保存
2 异地保存
3 设施(低温库)保存

4.45 实物状态
槐种质资源实物的状态。
1 良好
2 中等
3 较差
4 缺失

4.46 共享方式
槐种质资源实物的共享方式。
1 公益性
2 公益借用
3 合作研究
4 知识产权交易
5 资源纯交易
6 资源租赁

7 资源交换

8 收藏地共享

9 行政许可

10 不共享

4.47 获取途径

获取槐种质资源实物的途径。

1 邮递

2 现场获取

3 网上订购

4 其他

4.48 联系方式

获取槐种质资源的联系方式。包括联系人、单位、邮编、电话、E-mail 等。

4.49 源数据主键

链接林木种质资源特性或详细信息的主键值。

4.50 关联项目及编号

槐种质资源收集、选育或整合的依托项目及编号。

5 形态特征和生物学特性

5.1 生活型

植株长期适应生境条件，在形态上表现出来的生长类型。

1 乔木

2 小乔木

5.2 树姿

成年树在自然生长条件下，枝条的生长方向、发枝角度等(图1)。

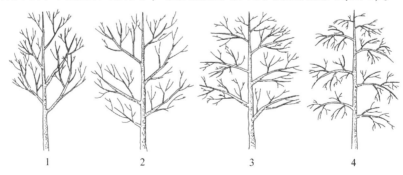

图1 树姿

1 直立
2 开张
3 平展
4 下垂

5.3 树形

依据成年树主枝基角的开张角度、树体高度和枝条的生长方向等表现出的树冠形态(图2)。

1 卵形
2 圆头形
3 伞形

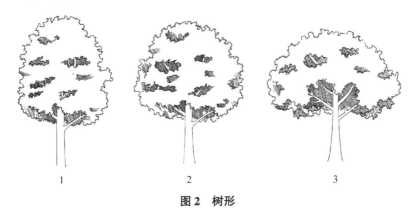

图 2 树形

5.4 生长势

成年树在正常条件下植株所表现出的强弱程度，反映在新梢生长的长度、粗度和叶片的大小等。

1 弱
2 中
3 强

5.5 树高

成年树从地面根基部到树梢最高处之间的距离，单位为m。

5.6 胸径

成年树从地面根基部向上至1.3 m处的主干横截面的直径，单位为cm。

5.7 冠幅

树体东西、南北冠形的长度，单位为m。

5.8 主干高

成年树从树木基部到主干分枝点处的距离，单位为m。

5.9 通直度

成年树主干所表现出的形态类型。

  1 通直

  2 弯曲

5.10 幼树树皮颜色

幼树树皮的颜色。

  1 灰绿

  2 灰褐

  3 黄绿

  4 其他

5.11 幼树皮孔颜色

幼树树皮上皮孔的颜色。

  1 褐色

  2 其他

5.12 幼树皮孔排列

幼树树皮上皮孔的排列方式。

  1 横

  2 纵

  3 横纵兼有

5.13 幼树皮孔密度

幼树树皮上皮孔的密集程度。

  1 疏

  2 中

  3 密

5.14 树皮颜色

成年树树皮的颜色。

  1 灰绿

  2 灰白

  3 灰褐

  4 其他

5.15 树皮开裂形状

成年树树皮开裂的程度。

  1 不开裂

  2 浅裂

3 深裂

5.16 树皮开裂形式

成年树树皮开裂的方向。

1 纵裂
2 横裂
3 其他

5.17 树皮剥落

成年树树皮是否剥落。

1 是
2 否

5.18 树干皮孔

成年树树干上是否有皮孔及可见度。

1 清晰可见
2 隐约可见
3 无

5.19 根颈根系凸起

成年树根颈部的根系是否凸起露出地面。

1 是
2 否

5.20 枝条扭曲

成年树树冠内枝条是否发生扭曲(图3)。

1 是
2 否

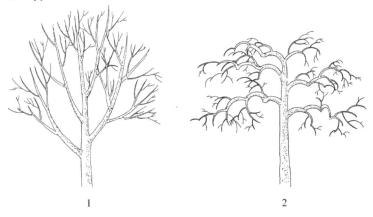

图 3 枝条扭曲

5.21 枝条密度

成年树树冠内枝条交错的密集程度。

1 稀疏
2 中等
3 密集

5.22 幼枝颜色

成年树新发枝条的表皮颜色。

1 绿
2 黄绿
3 黄
4 其他

5.23 枝下高

成年树主干上距地面最近的活枝基部与地面之间的垂直高度，单位为 m。

5.24 自然整枝

成年树主干枝条自然死亡后脱落的程度。

1 差
2 中等
3 好

5.25 复叶类型

成年树成熟叶片的形态(图4)。

1 羽状复叶
2 掌状复叶

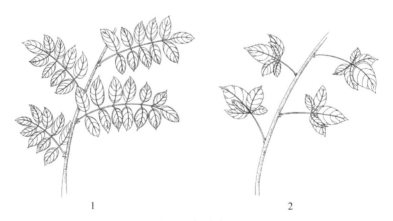

图 4 复叶类型

5.26 复叶长度

成年树当年生枝条上复叶的长度，单位为 cm。

5.27 复叶宽度

成年树当年生枝条上复叶的宽度，单位为 cm。

5.28 托叶形状

成年树当年生枝条上托叶的形状。

1 卵形
2 线形
3 钻状
4 其他

5.29 小叶形状

成年树当年生枝条上小叶的形状。

1 卵状披针形
2 卵状长圆形
3 其他

5.30 小叶叶基形状

成年树当年生枝条上小叶基部的形状。

1 宽楔形
2 近圆形
3 其他

5.31 小叶叶缘形状

成年树当年生枝条上小叶叶缘的形状。

1 全缘
2 浅裂
3 深裂

5.32 叶着色类型

成年树夏季成熟叶的着色类型。

1 均色
2 嵌色

5.33 均色叶颜色

成年树夏季成熟均色叶的颜色。

1 浅绿
2 绿
3 深绿

4 黄绿

5 其他

5.34 嵌色叶主色

成年树夏季成熟嵌色叶的主色。

1 黄

2 浅绿

3 绿

4 深绿

5 其他

5.35 嵌色叶次色

成年树夏季成熟嵌色叶的次色。

1 黄

2 绿

3 其他

5.36 叶背颜色

成年树夏季成熟叶片背面的颜色。

1 灰白

2 其他

5.37 叶背被毛

成年树夏季成熟叶背面是否有被毛。

1 有

2 无

5.38 叶尖形状

成熟叶片先端叶尖的形状。

1 渐尖

2 钝尖

3 凹陷

4 其他

5.39 小叶对数

成年树当年生枝上小叶的对数。

1 1~2对

2 3~7对

3 7对以上

5.40 小叶长度

成年树夏季成熟羽状复叶的小叶长度,单位为cm。

5.41 小叶宽度
成年树夏季成熟羽状复叶的小叶宽度，单位为cm。

5.42 花序类型
盛花期花排列在花序梗上的形状。

  1 圆锥花序
  2 其他

5.43 花萼形状
盛花期花萼的形状。

  1 浅钟形
  2 其他

5.44 萼齿形状
盛花期萼齿的形状。

  1 圆形
  2 钝三角形
  3 其他

5.45 花冠形状
盛花期花冠的形状。

  1 蝶形
  2 其他

5.46 花着色类型
盛花期花冠的着色情况。

  1 均色
  2 间色

5.47 间色花类型
盛花期花冠间色发生的位置。

  1 旗瓣间色
  2 翼瓣间色
  3 龙骨瓣间色
  4 其他

5.48 均色花冠颜色
盛花期花冠的颜色。

  1 白
  2 淡黄
  3 其他

5.49 间色花主色

盛花期间色花的主颜色。

1 白
2 淡黄
3 浅粉红
4 其他

5.50 旗瓣颜色

盛花期花冠旗瓣的颜色。

1 白
2 淡黄
3 浅粉红
4 其他

5.51 旗瓣形状

盛花期花冠旗瓣的形状。

1 近圆形
2 其他

5.52 翼瓣颜色

盛花期花冠翼瓣的颜色。

1 白
2 淡黄
3 淡紫
4 其他

5.53 翼瓣形状

盛花期花冠翼瓣的形状。

1 卵状长圆形
2 其他

5.54 龙骨瓣颜色

盛花期花冠龙骨瓣的颜色。

1 白
2 淡黄
3 淡紫
4 其他

5.55 龙骨瓣形状

盛花期花冠龙骨瓣的形状。

1 阔卵状长圆形
   2 其他

5.56 荚果形状
成熟荚果的形状。
   1 串珠状
   2 其他

5.57 荚果长度
成熟荚果的长度，单位为 cm。

5.58 荚果宽度
成熟荚果的宽度，单位为 cm。

5.59 荚果开裂
成熟荚果是否开裂。
   1 开裂
   2 不开裂

5.60 种子形状
成熟种子的形状。
   1 椭圆形
   2 圆形
   3 卵形
   4 其他

5.61 种子颜色
成熟种子的颜色。
   1 褐
   2 黑
   3 其他

5.62 种子长度
成熟种子的长度，单位为 mm。

5.63 种子宽度
成熟种子的宽度，单位为 mm。

5.64 种子千粒重
荚果完全成熟时，1 000 粒种子的质量，单位为 g。

5.65 分枝能力
槐生长过程中分枝的能力。
   1 低

2 中等

   3 强

5.66 结实情况

成年树当年是否有荚果。

   1 有

   2 无

5.67 萌芽期

全树5%的叶芽鳞片裂开、顶端露绿的日期，以"月日"表示。

5.68 始花期

全树5%的花完全开放的日期，以"月日"表示。

5.69 盛花期

全树25%的花完全开放的日期，以"月日"表示。

5.70 末花期

全树75%的花完全开放的日期，以"月日"表示。

5.71 果实成熟期

全树25%的果实成熟的日期，其大小、形状、颜色等表现出该品种固有的性状。以"月日"表示。

5.72 落叶期

全树25%的叶片自然脱落的日期。以"月日"表示。

5.73 生长期

计算萌芽期至落叶期的天数，单位为d。

6 品种特性

6.1 种子总黄酮含量

种子总黄酮含量参照高效液相色谱法(《中华人民共和国药典》2020年版通则0512，下同)测定，单位为mg/g。

6.2 种子槐角苷含量

种子槐角苷($C_{21}H_{20}O_{10}$)含量参照高效液相色谱法测定，单位为mg/g。

6.3 种子芦丁含量

种子芦丁($C_{27}H_{30}O_{16}$)含量参照高效液相色谱法测定，单位为mg/g。

6.4 种子槲皮素含量

种子槲皮素($C_{15}H_{10}O_7$)含量参照高效液相色谱法测定，单位为mg/g。

7 抗逆性

7.1 抗寒性
槐种质抵抗或忍耐低温的能力。
- 1 弱
- 2 中
- 3 强

7.2 抗旱性
槐种质抵抗或忍耐干旱的能力。
- 1 弱
- 2 中
- 3 强

7.3 耐涝性
槐种质抵抗或忍耐高湿水淹的能力。
- 1 弱
- 2 中
- 3 强

8 抗病虫性

8.1 槐腐烂病抗性
槐种质对腐烂病的抗性强弱。
- 1 高抗(HR)
- 3 抗(R)
- 5 中抗(MR)
- 7 感染(S)
- 9 高感(HS)

8.2 槐瘤锈病抗性
槐种质对瘤锈病的抗性强弱。
- 1 高抗(HR)
- 3 抗(R)
- 5 中抗(MR)
- 7 感染(S)

9 高感(HS)

8.3 槐小卷叶蛾抗性

槐种质对槐小卷叶蛾的抗性强弱。

1 高抗(HR)
3 抗(R)
5 中抗(MR)
7 感染(S)
9 高感(HS)

8.4 槐尺蠖抗性

槐种质对槐尺蠖的抗性强弱。

1 高抗(HR)
3 抗(R)
5 中抗(MR)
7 感染(S)
9 高感(HS)

8.5 槐蚜抗性

槐种质对槐蚜的抗性强弱。

1 高抗(HR)
3 抗(R)
5 中抗(MR)
7 感染(S)
9 高感(HS)

9 古树特性

9.1 古树名木

槐种质是否已符合古树名木的保护要求。

1 是
2 否

9.2 保护级别

古槐所符合的国家古树名木保护级别。

1 一级
2 二级
3 三级

9.3 古树树龄
古槐的树龄,单位为年。

9.4 主干中空
古槐的主干是否已中空。
  1 是
  2 否

9.5 健康状况
古槐的整体生长存活状况评估。
  1 弱
  2 中
  3 强

9.6 古树树高
古槐从地面根基部到树梢最高处之间的距离,单位为m。

9.7 古树胸径
古槐从地面根基部向上至1.3 m处的主干横截面的直径,单位为cm。

9.8 古树冠幅
古槐树体东西、南北冠形的长度,单位为m。

10 其他特征特性

10.1 指纹图谱与分子标记
槐核心种质DNA指纹图谱的构建和分子标记类型及其特征参数。

10.2 备注
槐种质特殊描述符或特殊代码的具体说明。

（四）槐种质资源数据标准

序号	代号	描述符	字段英文名	字段类型	字段长度	字段小数位	单位	代码	代码英文名	样例
1	101	资源流水号	Running number	C	20					1111C0003701004201
2	102	资源编号	Accession number	C	20					STJAP1101080001
3	103	种质名称	Accession name	C	30					'国槐海优1号'
4	104	种名外文名	Alien name	C	40					'Guohuai Haiyou No. 1'
5	105	科中文名	Chinese name of family	C	10					豆科
6	106	科拉丁名	Latin name of family	C	30					Fabaceae
7	107	属中文名	Chinese name of genus	C	40					槐属
8	108	属拉丁名	Latin name of genus	C	30					*Styphnolobium*（L.）Schott
9	109	种名或亚种名	Species or subspecies name	C	50					槐
10	110	种拉丁名	Latin name of species	C	30					*Styphnolobium japonicum*(L.) Schott
11	111	原产地	Place of origin	C	20					海淀区
12	112	原产省份	Province of origin	C	20					北京

（续）

序号	代号	描述符	字段英文名	字段类型	字段长度	字段小数位	单位	代码	代码英文名	样例
13	113	原产国家	Country of origin	C	20					中国
14	114	来源地	Sample source	C	40					海淀
15	115	归类编码	Sorting code	C	20					11131117157
16	116	资源类型	Biogical status of accession	C	20			1：野生资源（群体、种源） 2：野生资源（家系） 3：野生资源（个体、基因型） 4：地方品种 5：选育品种 6：遗传材料 7：其他	1: Wild resources (Population, Provenance) 2: Wild resources (Family) 3: Wild resources (Individual, Genotype) 4: Local varieties 5: Breeding varieties 6: Genetic material 7: Others	家系
17	117	主要特征	Key features	C	40			1：高产 2：优质 3：抗病 4：抗虫 5：抗逆 6：高效 7：其他	1: High yield 2: High quality 3: Disease-resistant 4: Insect-resistant 5: Stress-resistant 6: High active 7: Others	优质，抗病，抗逆
18	118	主要用途	Main use	C	40			1：材用 2：食用 3：药用 4：防护 5：观赏 6：其他	1: Timber 2: Food 3: Officinal 4: Protection 5: Ornamental 6: Others	材用，药用，防护，观赏

（续）

序号	代号	描述符	字段英文名	字段类型	字段长度	字段小数位	单位	代码	代码英文名	样例
19	119	气候带	Climate zone	C	20			1：热带 2：亚热带 3：温带 4：寒温带 5：寒带	1: Tropics 2: Subtropics 3: Temperate zone 4: Cold temperate zone 5: Frigid zone	温带
20	120	生长习性	Growth habit	C	50			1：喜光 2：耐盐碱 3：喜水肥 4：耐干旱	1: Light favored 2: Salinity 3: Water-liking 4: Drought-resistant	喜光，耐盐碱
21	121	开花结实特性	Characteristics of flowering and fruiting	C	100					花期6~8月，果期9~10月
22	122	特征特性	Characteristics	C	100					生长势旺
23	123	具体用途	Specific use	C	40					行道树
24	124	观测地点	Observation location	C	20					北京海淀
25	125	繁殖方式	Means of reproduction	C	50			1：有性繁殖（种子繁殖） 2：有性繁殖（胎生繁殖） 3：无性繁殖（扦插繁殖） 4：无性繁殖（嫁接繁殖） 5：无性繁殖（根蘖） 6：无性繁殖（分蘖繁殖）	1: Sexual propagation (Seed reproduction) 2: Sexual propagation (Viviparous reproduction) 3: Asexual propagation (Cutting reproduction) 4: Asexual propagation (Grafting reproduction) 5: Asexual propagation (Root) 6: Asexual propagation (Tillering reproduction)	有性繁殖（种子繁殖）

(续)

序号	代号	描述符	字段英文名	字段类型	字段长度	字段小数位	单位	代码	代码英文名	样例
26	126	选育（采集）单位	Breeding institute	C	40					中国林业科学研究院林业研究所
27	127	选育年份	Releasing year	N	4	0				2013
28	128	海拔	Altitude	N	5	0	m			50
29	129	经度	Longitude	N	8	0				1161755
30	130	纬度	Latitude	N	7	0				400100
31	131	土壤类型	Soil type	C	10					壤土
32	132	生态环境	Ecological environment	C	20					暖温带落叶阔叶林
33	133	年均温度	Average annual temperature	N	6	1	℃			12.0
34	134	年均降水量	Average annual precipitation	N	6	0	mm			626
35	135	图像	Image file name	C	30					1111C0003701004201-1.jpg
36	136	记录地址	Record address	C	30					
37	137	保存单位	Conservation institute	C	50					中国林业科学研究院林业研究所滨海抗逆树种国家林木种质资源库
38	138	单位编号	Conservation institute name	C	10					701-157
39	139	库编号	Base number	C	10					701
40	140	引种号	Introduction number	C	10					701-2013-108

(续)

序号	代号	描述符	字段英文名	字段类型	字段长度	字段小数位	单位	代码	代码英文名	样例
41	141	采集号	Collecting number	C	10					QLQ01
42	142	保存时间	Conservation time	D	8					2018
43	143	保存材料类型	Donor material type	C	10			1: 植株 2: 种子 3: 营养器官（穗条等） 4: 花粉 5: 培养物（组培材料） 6: 其他	1: Plant 2: Seed 3: Vegetative organ (Scion, etc.) 4: Pollen 5: Culture (Tissue culture material) 6: Others	植株
44	144	保存方式	Conservation mode	C	10			1: 原地保存 2: 异地保存 3: 设施（低温库）保存	1: In situ conservation 2: Ex situ conservation 3: Low temperature preservation	异地保存
45	145	实物状态	Physical state	C	4			1: 良好 2: 中等 3: 较差 4: 缺失	1: Good 2: Medium 3: Poor 4: Defect	良好

(续)

序号	代号	描述符	字段英文名	字段类型	字段长度	字段小数位	单位	代码	代码英文名	样例
46	146	共享方式	Sharing methods	C	20			1: 公益性 2: 公益借用 3: 合作研究 4: 知识产权交易 5: 资源纯交易 6: 资源租赁 7: 资源交换 8: 收藏地共享 9: 行政许可 10: 不共享	1: Public interest 2: Public borrowing 3: Cooperative research 4: Intellectual property rightstransaction 5: Pure resources transaction 6: Resource rent 7: Resourceexchange 8: Collection local share 9: Administrative license 10: Not share	合作研究
47	147	获取途径	Obtain way	C	10			1: 邮递 2: 现场获取 3: 网上订购 4: 其他	1: Post 2: Captured in the field 3: Online ordering 4: Others	现场获取
48	148	联系方式	Contact way	C	40					
49	149	源数据主键	Key words of source data	C	30					
50	150	关联项目及编号	Related project and its number	C	50					
51	201	生活型	Life form	C	10			1: 乔木 2: 小乔木	1: Tree 2: Small tree	乔木
52	202	树姿	Tree form	C	6			1: 直立 2: 开张 3: 平展 4: 下垂	1: Upright 2: Open 3: Pendulous 4: Droop	开张

(续)

序号	代号	描述符	字段英文名	字段类型	字段长度	字段小数位	单位	代码	代码英文名	样例
53	203	树形	Tree crown types	C	6			1：卵形 2：圆头形 3：伞形	1: Oval 2: Round-shaped 3: Umbrella-shaped	圆头形
54	204	生长势	Treevigor	C	4			1：弱 2：中 3：强	1: Weak 2: Intermediate 3: Strong	强
55	205	树高	Tree height	N	10	2	m			10.50
56	206	胸径	Diameter of breast height	N	10	1	cm			50.1
57	207	冠幅	Tree crown width	N	10	2	m			12.80
58	208	主干高	Trunk height	N	10	2	m			5.80
59	209	通直度	Trunk straightness	C	10			1：通直 2：弯曲	1: Straight 2: Contorted	通直
60	210	幼树树皮颜色	Bark color of young tree	C	10			1：灰绿 2：灰褐 3：黄绿 4：其他	1: Greyish green 2: Greyish brown 3: Yellowish green 4: Others	灰绿
61	211	幼树皮孔颜色	Lenticel color of young tree	C	10			1：褐色 2：其他	1: Brown 2: Others	褐色
62	212	幼树皮孔排列	Lenticel arrange of young tree	C	10			1：横 2：纵 3：横纵兼有	1: Horizontal 2: Longitudinal 3: Both	横

(续)

序号	代号	描述符	字段英文名	字段类型	字段长度	字段小数位	单位	代码	代码英文名	样例
63	213	幼树皮孔密度	Lenticel density of young tree	C	4			1: 疏 2: 中 3: 密	1: Few 2: Middle 3: Thick	密
64	214	树皮颜色	Bark color	C	10			1: 灰绿 2: 灰白 3: 灰褐 4: 其他	1: Greyish green 2: Greyish white 3: Greyish brown 4: Others	灰褐
65	215	树皮开裂形状	Bark cracking shape	C	10			1: 不开裂 2: 浅裂 3: 深裂	1: No cracking 2: Shallow crack 3: Drastic crack	深裂
66	216	树皮开裂形式	Bark cracking form	C	10			1: 纵裂 2: 横裂 3: 其他	1: Longitudinal crack 2: Transverse crack 3: Others	纵裂
67	217	树皮剥落	Bark peeling	C	4			1: 是 2: 否	1: Yes 2: No	否
68	218	树干皮孔	Trunk lenticel	C	10			1: 清晰可见 2: 隐约可见 3: 无	1: Apparent 2: Fuzzy 3: None	隐约可见
69	219	根颈根系凸起	Root bulge	C	4			1: 是 2: 否	1: Yes 2: No	是
70	220	枝条扭曲	Branch twisting	C	10			1: 是 2: 否	1: Yes 2: No	否

（续）

序号	代号	描述符	字段英文名	字段类型	字段长度	字段小数位	单位	代码	代码英文名	样例
71	221	枝条密度	Branch density	C	10			1：稀疏 2：中等 3：密集	1: Few 2: Middle 3: Thick	中等
72	222	幼枝颜色	Color of young branches	C	10			1：绿 2：黄绿 3：黄 4：其他	1: Green 2: Yellowish green 3: Yellow 4: Others	绿
73	223	枝下高	Under branch height	N	10	2	m			3.25
74	224	自然整枝	Natural trimming	C	10			1：差 2：中等 3：好	1: Poor 2: Intermediate 3: Strong	中等
75	225	复叶类型	Type of compound leaf	C	10			1：羽状复叶 2：掌状复叶	1: Pinnate 2: Palmate	羽状复叶
76	226	复叶长度	Length of compound leaf	N	10	1	cm			20.1
77	227	复叶宽度	Width of compound leaf	N	10	1	cm			10.2
78	228	托叶形状	Stipule	C	10			1：卵形 2：线形 3：钻状 4：其他	1: Oval 2: Linear 3: Subulate 4: others	卵形
79	229	小叶形状	Leaf shape	C	10			1：卵状披针形 2：卵状长圆形 3：其他	1: Ovate-lanceolate 2: Ovate oblong 3: Others	卵状长圆形

(续)

序号	代号	描述符	字段英文名	字段类型	字段长度	小数位	单位	代码	代码英文名	样例
80	230	小叶叶基形状	Phyllopodium	C	10			1：宽楔形 2：近圆形 3：其他	1: Broadly Cuneate 2: Suborbicular 3: Others	近圆形
81	231	小叶叶缘形状	Leaf margin	C	10			1：全缘 2：浅裂 3：深裂	1: Entire 2: Lobed 3: Highly dissected	全缘
82	232	叶着色类型	Type of leaf color	C	10			1：均色 2：嵌色	1: Homochromatic 2: Chimeric	均色
83	233	均色叶颜色	Color of homochromatic leaf	C	10			1：浅绿 2：绿 3：深绿 4：黄绿 5：其他	1: Light green 2: Green 3: Dark green 4: Yellowish green 5: Others	深绿
84	234	嵌色叶主色	Main color of chimeric leaf	C	10			1：黄 2：浅绿 3：绿 4：深绿 5：其他	1: Yellow 2: Light green 3: Green 4: Dark green 5: Others	黄
85	235	嵌色叶次色	Secondary color of chimeric leaf	C	10			1：黄 2：绿 3：其他	1: Yellow 2: Green 3: Others	绿
86	236	叶背颜色	Back color of leaf	C	10			1：灰白 2：其他	1: Greyish white 2: Others	灰白
87	237	叶背被毛	Hair of leafstatus	C	4			1：有 2：无	1: Yes 2: None	有

(续)

序号	代号	描述符	字段英文名	字段类型	字段长度	字段小数位	单位	代码	代码英文名	样例
88	238	叶尖形状	Leaf apex	C	10			1: 渐尖 2: 钝尖 3: 凹陷 4: 其他	1: Taper 2: Blunt 3: Sunk 4: Others	钝尖
89	239	小叶对数	Pairs number of leaf	M	10	0		1: 1~2对 2: 3~7对 3: 7对以上		7对以上
90	240	小叶长度	Length of leaf	N	10	1	cm			3.5
91	241	小叶宽度	Width of leaf	N	10	1	cm			1.7
92	242	花序类型	Inflorescence	C	10			1: 圆锥花序 2: 其他	1: Panicle 2: Others	圆锥花序
93	243	花萼形状	Calyx	C	10			1: 浅钟状 2: 其他	1: Short bell shape 2: Others	浅钟状
94	244	萼齿形状	Calyxtooth	C	10			1: 圆形 2: 钝三角形 3: 其他	1: Round 2: Obtuse triangle 3: Others	圆形
95	245	花冠形状	Corolla	C	10			1: 蝶形 2: 其他	1: Papilionaceous 2: Others	蝶形
96	246	花着色类型	Type of flower color	C	10			1: 均色 2: 间色	1: Homochromatic 2: Chimeric	均色
97	247	间色花类型	Type of chimeric flower	C	10			1: 旗瓣同色 2: 翼瓣同色 3: 龙骨瓣同色 4: 其他	1: Vexilla 2: Wing 3: Keel 4: Others	旗瓣同色

(续)

序号	代号	描述符	字段英文名	字段类型	字段长度	小数位	单位	代码	代码英文名	样例
98	248	均色花冠颜色	Color of homochromatic flower	C	10			1：白 2：淡黄 3：其他	1: White 2: Light yellow 3: Others	淡黄
99	249	同色花主色	Main color of chimeric flower	C	10			1：白 2：淡黄 3：浅粉红 4：其他	1: White 2: Light yellow 3: Light pink 4: Others	淡黄
100	250	旗瓣颜色	Vexilla color	C	10			1：白 2：淡黄 3：浅粉红 4：其他	1: White 2: Light yellow 3: Light pink 4: Others	白
101	251	旗瓣形状	Vexilla shape	C	10			1：近圆形 2：其他	1: Suborbicular 2: Others	近圆形
102	252	翼瓣颜色	Wing color	C	10			1：白 2：淡黄 3：淡紫 4：其他	1: White 2: Light yellow 3: Light purple 4: Others	淡紫
103	253	翼瓣形状	Wing shape	C	10			1：卵状长圆形 2：其他	1: Ovate oblong 2: Others	卵状长圆形
104	254	龙骨瓣颜色	Keel color	C	10			1：白 2：淡黄 3：淡紫 4：其他	1: White 2: Light yellow 3: Light purple 4: Others	淡黄
105	255	龙骨瓣形状	Keel shape	C	10			1：阔卵状长圆形 2：其他	1: Broad ovate oblong 2: Others	阔卵状长圆形

(续)

序号	代号	描述符	字段英文名	字段类型	字段长度	字段小数位	单位	代码	代码英文名	样例
106	256	荚果形状	Pod shape	C	10			1: 串珠状 2: 其他	1: Beaded 2: Others	串珠状
107	257	荚果长度	Pod length	N	10	1	cm			11.2
108	258	荚果宽度	Pod width	N	10	1	cm			2.2
109	259	荚果开裂	Pod cracking	C	10			1: 开裂 2: 不开裂	1: Yes 2: No	不开裂
110	260	种子形状	Seed shape	C	10			1: 椭圆形 2: 圆形 3: 卵形 4: 其他	1: Ellipse 2: Circle 3: Oval 4: Others	椭圆形
111	261	种子颜色	Seed color	C	10			1: 褐 2: 黑 3: 其他	1: Brown 2: Black 3: Others	褐
112	262	种子长度	Seed length	N	10	0	mm			3
113	263	种子宽度	Seed width	N	10	0	mm			2
114	264	种子千粒重	Weight per 1 000 seeds	N	10	1	g			120.1
115	265	分枝能力	Ability for branching	C	4			1: 低 2: 中等 3: 强	1: Low 2: Middle 3: Strong	中等
116	266	结实情况	Fruiting or not	C	4			1: 有 2: 无	1: Yes 2: No	有
117	267	萌芽期	Bud break date	D	8					3月25日

(续)

序号	代号	描述符	字段英文名	字段类型	字段长度	字段小数位	单位	代码	代码英文名	样例
118	268	始花期	Beginning bloom date	D	8					7月15日
119	269	盛花期	Full bloom date	D	8					7月25日
120	270	末花期	End bloom date	D	8					8月1日
121	271	果实成熟期	Mature date	D	8					10月1日
122	272	落叶期	Defoliation	D	8					10月26日
123	273	生长期	Period of growth	N	10		d			215
124	301	种子总黄酮含量	Total flavonescontent of seeds	N	10	1	mg/g			200.0
125	302	种子槐角苷含量	Sophoricosidecontent of seeds	N	10	1	mg/g			100.0
126	303	种子芦丁含量	Rutincontent of seeds	N	10	1	mg/g			80.0
127	304	种子槲皮素含量	Quercetincontent of seeds	N	10	1	mg/g			30.1
128	401	抗寒性	Cold resistance	C	10			1: 弱 2: 中 3: 强	1: Weak 2: Intermediate 3: Strong	强
129	402	抗旱性	Drought resistance	C	10			1: 弱 2: 中 3: 强	1: Weak 2: Intermediate 3: Strong	强
130	403	耐涝性	Waterlogging tolerance	C	10			1: 弱 2: 中 3: 强	1: Weak 2: Intermediate 3: Strong	强

(续)

序号	代号	描述符	字段英文名	字段类型	字段长度	字段小数位	单位	代码	代码英文名	样例
131	404	槐腐烂病抗性	Resistant to valsa canker	C	10			1：高抗 2：抗 3：中抗 4：感染 5：高感	1: High resistance 2: Resistance 3: Moderate resistance 4: Susceptibility 5: High susceptibility	高抗
132	405	槐瘤锈病抗性	Resistant to cenangium canker	C	10			1：高抗 2：抗 3：中抗 4：感染 5：高感	1: High resistance 2: Resistance 3: Moderate resistance 4: Susceptibility 5: High susceptibility	高抗
133	406	槐小卷叶蛾抗性	Resistant to Cydia tradias	C	10			1：高抗 2：抗 3：中抗 4：感染 5：高感	1: High resistance 2: Resistance 3: Moderate resistance 4: Susceptibility 5: High susceptibility	高抗
134	407	槐尺蠖抗性	Resistant to Semiothisa cinerearia	C	10			1：高抗 2：抗 3：中抗 4：感染 5：高感	1: High resistance 2: Resistance 3: Moderate resistance 4: Susceptibility 5: High susceptibility	高抗
135	408	槐蚜抗性	Resistant to Aphis sophoricola	C	10			1：高抗 2：抗 3：中抗 4：感染 5：高感	1: High resistance 2: Resistance 3: Moderate resistance 4: Susceptibility 5: High susceptibility	高抗

（续）

序号	代号	描述符	字段英文名	字段类型	字段长度	字段小数位	单位	代码	代码英文名	样例
136	501	古树名木	Ancient and famous trees	C	10			1：是 2：否	1: Yes 2: No	是
137	502	保护级别	Protection level	C	10			1：一级 2：二级 3：三级	1: First protection 2: Secondary protection 3: Third protection	一级
138	503	古树树龄	Tree age	N	10	0	年			2000
139	504	主干中空	Hollow of trunk	C	4			1：是 2：否	1: Yes 2: No	是
140	505	健康状况	State of health	C	10			1：弱 2：中 3：强	1: Senile 2: General 3: Healthy	强
141	506	古树树高	Height of ancient tree	N	10	2	m			15.50
142	507	古树胸径	DBH of ancient tree	N	10	2	cm			100.70
143	508	古树冠幅	Canopy width of ancient tree	N	10	2	m			19.30
144	601	指纹图谱与分子标记	Fingerprinting and molecular marker	C	40					
145	602	备注	Remarks	C	40					

五 槐种质资源数据质量控制规范

1 范围

本规范规定了槐种质资源数据采集过程中的质量控制内容和方法。
本规范适用于槐种质资源的整理、整合和共享。

2 规范性引用文件

下列文件中的条款通过本规范的引用而成为本规范的条款。凡是注日期的引用文件，其随后所有的修改单（不包括勘误的内容）或修订版均不适用于本规范。然而，鼓励根据本规范达成协议的各方，研究是否可使用这些文件的最新版本。凡是不注日期的引用文件，其最新版本适用于本规范。

ISO 3166　Codes for the Representation of Names of Countries
GB/T 2659—2000　世界各国和地区名称代码
GB/T 2260—2007　中华人民共和国行政区划代码
GB/T 12404—1997　单位隶属关系代码
LY/T 2192—2013　林木种质资源共性描述规范
GB/T 14072—1993　林木种质资源保存原则与方法
The Royal Horticultural Society's Colour Chart
GB 10016—88　林木种子贮藏
GB 2772—1999　林木种子检验规程
GB 7908—1999　林木种子质量分级
GB/T 16620—1996　林木育种及种子管理术语

LY/T 1849—2009　植物新品种特异性、一致性、稳定性测试指南　槐

3　数据质量控制的基本方法

3.1　试验设计

按槐种质资源的生长发育周期，满足槐种质资源正常生长及其性状正常表达，确定好时间、地点和内容，保证所需数据的真实性和可靠性。

3.1.1　试验地点

试验地点的环境条件应能够满足槐植物的正常生长及其性状的正常表达。

3.1.2　田间设计

一般选择10~15年生的成龄树，每份种质重复3次，每个重复5~10株。形态特征和生物学特性观测试验应设置对照（种或品种），试验地周围应设保护行或保护区。

3.1.3　栽培管理

试验地的栽培管理要与大田基本相同，采用相同的水肥管理，及时防治病虫害，保证植株正常生长。

3.2　数据采集

形态特征和生物学特性观测试验原始数据的采集应在植株正常生长的情况下获得。如遇自然灾害等因素严重影响植株正常生长时，应重新进行观测试验和数据采集。

3.3　试验数据的统计分析和校验

每份种质的形态特征和生物学特性观测数据，依据对照品种进行校验。根据2~3年的重复观测值，计算每份种质性状的平均值、变异系数和标准差，并进行方差分析，判断试验结果的稳定性和可靠性。取观测值的平均值作为该种质的性状值。

4　基本信息

4.1　资源流水号

槐种质资源进入数据库自动生成的编号。

4.2　资源编号

槐种质资源的全国统一编号。由15位符号组成，即树种代码（5位）+保存地代码（6位）+顺序号（4位）。

——树种代码：采用树种拉丁名的属名前2位+种加词前3位组成；

——保存地代码：是指资源保存地所在县级行政区域的代码，按照《中华人民共和国行政区划代码》(GB/T 2260—2007)的规定执行；

——顺序号：该类资源在保存库中的顺序号。

4.3 种质名称

每份槐种质资源的中文名称。

4.4 种质外文名

国外引进槐种质的外文名，国内种质资源不填写。

4.5 科中文名

豆科。

4.6 科拉丁名

Fabaceae。

4.7 属中文名

槐属。

4.8 属拉丁名

Styphnolobium。

4.9 种名或亚种名

槐种质资源在植物分类学上种(Species)或亚种(Subspecies)的名称，即槐。

4.10 种拉丁名

Styphnolobium japonicum (L.) Schott。

4.11 原产地

国内槐种质资源的原产县、乡镇、村、林场名称。依照国家标准《中华人民共和国行政区划代码》(GB/T 2260—2007)，填写原产县、自治县、县级市、市辖区、旗、自治旗、林区的名称以及具体的乡镇、村、林场等名称。

4.12 原产省份

国内槐种质资源原产省份，依照国家标准《中华人民共和国行政区划代码》(GB/T 2260—2007)，填写原产省(自治区、直辖市)的名称；国外引进槐种质资源原产国家(或地区)一级行政区的名称。

4.13 原产国家

槐种质资源的原产国家或地区的名称、依照国家标准《世界各国和地区名称代码》(GB/T 2659—2000)中的规范名称填写。

4.14 来源地

国外引进槐种质资源的来源国家名称、地区名称或国际组织名称；国内槐种质资源的来源省、县名称。

4.15 归类编码

采用国家自然科技资源共享平台编制的《自然科技资源共性描述规范》，依据其中"植物种质资源分级归类与编码表"中林木部分进行编码（11位）。不能归并到末级的资源，可以归到上一级，后面补齐000。槐的归类编码为11131117157。

4.16 资源类型

槐种质资源类型分为7类。

1　野生资源（群体、种源）
2　野生资源（家系）
3　野生资源（个体、基因型）
4　地方品种
5　选育品种
6　遗传材料
7　其他

4.17 主要特征

槐种质资源的主要特性。

1　高产
2　优质
3　抗病
4　抗虫
5　抗逆
6　高效
7　其他

4.18 主要用途

槐种质资源的主要用途。

1　材用
2　食用
3　药用
4　防护
5　观赏
6　其他

4.19 气候带

槐种质资源原产地所属气候带。

1　热带

2 亚热带

3 温带

4 寒温带

5 寒带

4.20 生长习性

描述槐种质资源在长期自然选择中表现的生长、适应或喜好。

1 喜光

2 耐盐碱

3 喜水肥

4 耐干旱

4.21 开花结实特性

槐种质资源开花和结实周期。

4.22 特征特性

槐种质资源可识别或独特的形态、特性。

4.23 具体用途

槐种质资源具有的特殊价值和用途。

4.24 观测地点

槐种质资源形态、特性观测测定的地点。

4.25 繁殖方式

槐种质资源的繁殖方式。

1 有性繁殖(种子繁殖)

2 有性繁殖(胎生繁殖)

3 无性繁殖(扦插繁殖)

4 无性繁殖(嫁接繁殖)

5 无性繁殖(根蘗)

6 无性繁殖(分蘗繁殖)

4.26 选育(采集)单位

选育槐品种的单位或个人(野生资源的采集单位或个人)。

4.27 育成年份

槐品种育成的年份。

4.28 海拔

槐种质原产地的海拔高度,单位为 m。

4.29 经度

槐种质原产地的经度,格式为 DDDFFMM,其中 DDD 为度,FF 为分,

MM 为秒。东经以正数表示，西经以负数表示。

4.30 纬度
槐种质原产地的纬度，格式为 DDFFMM，其中 DD 为度，FF 为分，MM 为秒。北纬以正数表示，南纬以负数表示。

4.31 土壤类型
槐种质资源原产地的土壤条件，包括土壤质地、土壤名称、土壤酸碱度或性质等。

4.32 生态环境
槐种质资源原产地的自然生态系统类型。

4.33 年均温度
槐种质资源原产地的年平均温度，通常用当地最近气象台近 30~50 年的年均温度(℃)。

4.34 年均降水量
槐种质资源原产地的年均降水量，通常用当地最近气象台近 30~50 年的年均降水量(mm)。

4.35 图像
槐种质的图像信息，图像格式为 .jpg。

4.36 记录地址
提供槐种质资源详细信息的网址或数据库记录链接。

4.37 保存单位
槐种质资源的保存单位名称(全称)。

4.38 单位编号
槐种质资源在保存单位中的编号。

4.39 库编号
槐种质资源在种质资源库或圃中的编号。

4.40 引种号
槐种质资源从国外引入时的编号。

4.41 采集号
槐种质资源在野外采集时的编号。

4.42 保存时间
槐种质资源被收藏单位收藏或保存的时间，以"年月日"表示，格式为"YYYYMMDD"。

4.43 保存材料类型
保存的槐种质材料的类型。

1　植株

2　种子

3　营养器官(穗条等)

4　花粉

5　培养物(组培材料)

6　其他

4.44　保存方式

槐种质资源保存的方式。

1　原地保存

2　异地保存

3　设施(低温库)保存

4.45　实物状态

槐种质资源实物的状态。

1　良好

2　中等

3　较差

4　缺失

4.46　共享方式

槐种质资源实物的共享方式。

1　公益性

2　公益借用

3　合作研究

4　知识产权交易

5　资源纯交易

6　资源租赁

7　资源交换

8　收藏地共享

9　行政许可

10　不共享

4.47　获取途径

获取槐种质资源实物的途径。

1　邮递

2　现场获取

3　网上订购

    4　其他

4.48　联系方式

　　获取槐种质资源的联系方式。包括联系人、单位、邮编、电话、E-mail 等。

4.49　源数据主键

　　链接林木种质资源特性或详细信息的主键值。

4.50　关联项目及编号

　　槐种质资源收集、选育或整合的依托项目及编号。

5　形态特征和生物学特性

5.1　生活型

　　采用目测法，根据植株的树高判断其生活型。观察植株对综合生境条件长期适应而在形态上表现出的生长类型。

　　　　1　乔木(>10 m)
　　　　2　小乔木(6~10 m)

5.2　树姿

　　在休眠期，采用目测法，观察 3 株以上整个植株主枝的生长方向和发枝角度，根据主枝的基角度数，确定树姿。

　　　　1　直立(≤30°)
　　　　2　开张(30°~60°)
　　　　3　平展(60°~90°)
　　　　4　下垂(>90°)

5.3　树形

　　在夏季树木生长旺盛期，选取生长正常的成年植株，观察整个植株主枝基角的开张角度、树体高度和枝条的生长方向，对比树形模式图，确定树冠形状。

　　　　1　卵形
　　　　2　圆头形
　　　　3　伞形

5.4　生长势

　　选取生长正常的成年植株，在当年种质落叶后，测定树冠外围四个方向新梢生长量，各测定 10 个，计算出平均值，单位为 m，精确到 0.1 m。

　　　　1　弱(≤0.5 m)
　　　　2　中(0.5~1.0 m)

3 强(>1.0 m)

5.5 树高
选取15株生长正常的成年植株，测量从地面根基部到树梢最高处之间的距离，单位为m，精确到0.1 m。

5.6 胸径
以5.5选取的植株为观测对象，测量植株在距离树木基部1.3 m处的主干横截面的直径，单位为cm，精确到0.1 cm。

5.7 冠幅
以5.5选取的植株为观测对象，测量树冠东西、南北方向宽度。记录实测数据，计算平均值，单位为m，精确到0.1 m。

5.8 主干高
以5.5选取的植株为观测对象，测量植株从基部到主干分枝点处的距离作为主干高。记录实测数据，计算平均值，单位为m，精确到0.1 m。

5.9 通直度
以5.5选取的植株为观测对象，观察植株主干的弯曲程度并做判定。

1 通直
2 弯曲

5.10 幼树树皮颜色
选取5年生幼树，采取目测法，观察树皮所表现出的颜色，与标准比色卡颜色进行对比，按照最大相似原则，确定幼树树皮颜色。

1 灰绿
2 灰褐
3 黄绿
4 其他

5.11 幼树皮孔颜色
以5.10选取的幼树作为观察对象，采取目测法，观察幼树树皮上皮孔所表现出的颜色，与标准比色卡颜色进行对比，按照最大相似原则，确定幼树树皮皮孔颜色。

1 褐色
2 其他

5.12 幼树皮孔排列
以5.10选取的幼树作为观察对象，采用目测法，观察植株树干上皮孔的排列方式。

1 横

2 竖

   3 横竖兼有

5.13 幼树皮孔密度

以5.10选取的幼树作为观察对象，采用目测法，观察植株树干上皮孔的密集程度。

   1 密

   2 中

   3 疏

5.14 树皮颜色

选取生长正常的成年树树干为观察对象，采用目测法，观察植株树皮的颜色，与标准比色卡的颜色进行对比，按照最大相似原则，确定树皮颜色。

   1 灰绿

   2 灰白

   3 灰褐

   4 其他

5.15 树皮开裂形状

以5.14选取的成年树作为观察对象，采用目测法，观察植株树皮是否开裂以及树皮开裂的程度。

   1 不开裂

   2 浅裂

   3 深裂

5.16 树皮开裂形式

以5.14选取的成年树作为观察对象，采用目测法，观察植株树皮开裂所表现出的不同方向类型。

   1 纵裂

   2 横裂

   3 其他

5.17 树皮剥落

以5.14选取的成年树作为观察对象，采用目测法，观察成年树植株树皮是否剥落。

   1 是

   2 否

5.18 树干皮孔

以5.14选取的成年树作为观察对象，采用目测法，观察植株树干上是否有皮孔及可见度。

  1 清晰可见

  2 隐约可见

  3 无

5.19 根颈根系凸起

  以5.14选取的成年树作为观察对象，采用目测法，观察植株根颈部的根系是否凸起露出地面。

  1 是

  2 否

5.20 枝条扭曲

  在夏季树木生长旺盛期，选取生长正常的成年树，观察树冠内主枝的生长方向以及伸展所表现出的姿态，与枝条扭曲模式图对比，确定枝条伸展是否扭曲。

  1 是

  2 否

5.21 枝条密度

  在夏季生长旺盛期，选取生长正常的成年树，采取目测法，观察植株树冠内枝条交错所表现出的密度大小。

  1 稀疏

  2 中等

  3 密集

5.22 幼枝颜色

  在夏季树木生长旺盛期，选取树木中部向阳面当年生枝条，采用目测法，观察枝条上部颜色，与标准比色卡对照，按照最大相似原则，确定幼枝颜色。

  1 绿

  2 黄绿

  3 黄

  4 其他

5.23 枝下高

  选取30株成龄树(随机抽取，常规栽培管理，下同)，用测高器测量立木形成树冠的第一主枝的分枝以下的高度，求其平均值。单位为m，精确到0.1 m。

5.24 自然整枝

  选取成龄树，采用目测的方法，观测植株树冠基部的枝条脱落的状况。

1 差

2 中等

3 好

5.25 复叶类型

选取有代表性的成年树 3~5 株，每株标定 6~10 个当年生枝，以其中部正常生长的叶片作为观察对象，采用目测法，观测复叶的形态，确定复叶形状。

1 羽状复叶

2 掌状复叶

5.26 复叶长度

以 5.25 选取的成熟复叶 30 个作观测对象，观测复叶基部与复叶尖端之间的最大长度，单位为 cm，精确到 0.1 cm。

5.27 复叶宽度

以 5.25 选取的成熟复叶 30 个作观测对象，观测复叶最宽处的宽度，单位为 cm，精确到 0.1 cm。

5.28 托叶形状

以 5.25 选取的托叶为观测对象，采用目测法观察托叶的外形，确定托叶形状。

1 卵形

2 线形

3 钻状

4 其他

5.29 小叶形状

在夏季树木生长旺盛期，选取成年树树冠中部向阳面生长正常的当年生枝条中部的小叶，采用目测法，观测叶的形态，确定小叶片形状。

1 卵状披针形

2 卵状长圆形

3 其他

5.30 小叶叶基形状

在夏季树木生长旺盛期，选取成年树树冠中部向阳面生长正常的当年生枝条中部的小叶，采用目测法，观测叶基的形态，确定小叶叶基形状。

1 宽楔形

2 近圆形

3 其他

5.31 小叶叶缘形状

在夏季树木生长旺盛期，选取成年树树冠中部向阳面生长正常的当年生枝条中部的小叶，采用目测法，观测叶缘的开裂情况，确定小叶叶缘的形状。

1　全缘
2　浅裂
3　深裂

5.32 叶着色类型

以5.25选取的成熟复叶的小叶为观测对象，采用目测法，观察小叶的颜色，确定成年树夏季成熟叶的着色类型。

1　均色
2　嵌色

5.33 均色叶颜色

以5.25选取的成熟复叶的小叶为观测对象，采用目测法，观察小叶的颜色，与标准比色卡对比，按照最大相似原则，确定均色叶的颜色。

1　浅绿
2　绿
3　深绿
4　黄绿
5　其他

5.34 嵌色叶主色

以5.25选取的成熟复叶的小叶为观测对象，采用目测法，观察小叶的颜色，与标准比色卡对比，按照最大相似原则，确定嵌色叶的主色。

1　黄
2　浅绿
3　绿
4　深绿
5　其他

5.35 嵌色叶次色

以5.25选取的成熟复叶的小叶为观测对象，采用目测法，观察小叶的颜色，与标准比色卡对比，按照最大相似原则，确定嵌色叶的次色。

1　黄
2　绿
3　其他

5.36 叶背颜色

以5.25选取的成熟复叶的小叶为观测对象，采用目测法，观察小叶背面的颜色，与标准比色卡对比，按照最大相似原则，确定叶背颜色。
    1 灰白
    2 其他

5.37　叶背被毛
以 5.25 选取的成熟复叶的小叶为观测对象，采用目测法，观察小叶叶背是否有被毛。
    1 有
    2 无

5.38　叶尖形状
以 5.25 选取的成熟复叶的小叶为观测对象，采用目测法，观察叶片先端的形状，确定叶尖形状。
    1 渐尖
    2 钝尖
    3 凹陷
    4 其他

5.39　小叶对数
以 5.25 选取的成熟复叶 30 个为观测对象，统计每个复叶上小叶的对数。记录实测数据，计算平均值，单位为对，精确到 1 对。

5.40　小叶长度
以 5.25 选取的成熟复叶的 30 片小叶为观测对象，测量小叶基部与叶尖之间的最大长度。记录实测数据，计算平均值。单位为 cm，精确到 0.1 cm。

5.41　小叶宽度
以 5.25 选取的成熟复叶的 30 片小叶为观测对象，测量小叶最宽处的宽度。记录实测数据，计算平均值。单位为 cm，精确到 0.1 cm。

5.42　花序类型
选取有代表性的成年树 3~5 株，在树冠中上部每株标定 6~10 个花枝，以其中的 1~3 个花序作为观测对象，采用目测法，观测盛花期花排列在花序梗上的形状。
    1 圆锥花序
    2 其他

5.43　花萼形状
选取有代表性的成年树 3~5 株，在树冠中上部每株标定 6~10 个花枝，以其中的 1~3 个花序作为观测对象，采用目测法，观测盛花期花中花萼的形状。

1　浅钟形
2　其他

5.44　萼齿形状

选取有代表性的成年树 3~5 株，在树冠中上部每株标定 6~10 个花枝，以其中的 1~3 个花序作为观测对象，采用目测法，观测盛花期花中萼齿的形状。

1　圆形
2　钝三角形
3　其他

5.45　花冠形状

选取有代表性的成年树 3~5 株，在树冠中上部每株标定 6~10 个花枝，以其中的 1~3 个花序作为观测对象，采用目测法，观测盛花期花冠的形状。

1　蝶形
2　其他

5.46　花着色类型

选取有代表性的成年树 3~5 株，在树冠中上部每株标定 6~10 个花枝，以其中的 1~3 个花序作为观测对象，采用目测法，观测盛花期花冠的着色情况。

1　均色
2　间色

5.47　间色花类型

选取有代表性的成年树 3~5 株，在树冠中上部每株标定 6~10 个花枝，以其中的 1~3 个花序作为观测对象，采用目测法，观测盛花期花冠间色发生的位置。

1　旗瓣间色
2　翼瓣间色
3　龙骨瓣间色
4　其他

5.48　均色花冠颜色

选取有代表性的成年树 3~5 株，在树冠中上部每株标定 6~10 个花枝，以其中的 1~3 个花序作为观测对象，采用目测法，观测盛花期花冠的颜色。

1　白
2　淡黄
3　其他

5.49 间色花主色

选取有代表性的成年树 3~5 株，在树冠中上部每株标定 6~10 个花枝，以其中的 1~3 个花序作为观测对象，采用目测法，观测盛花期间色花的主颜色。

1　白
2　淡黄
3　浅粉红
4　其他

5.50 旗瓣颜色

选取有代表性的成年树 3~5 株，在树冠中上部每株标定 6~10 个花枝，以其中的 1~3 个花序作为观测对象，采用目测法，观测盛花期花冠旗瓣的颜色。

1　白
2　淡黄
3　浅粉红
4　其他

5.51 旗瓣形状

选取有代表性的成年树 3~5 株，在树冠中上部每株标定 6~10 个花枝，以其中的 1~3 个花序作为观测对象，采用目测法，观测盛花期花冠旗瓣的形状。

1　近圆形
2　其他

5.52 翼瓣颜色

选取有代表性的成年树 3~5 株，在树冠中上部每株标定 6~10 个花枝，以其中的 1~3 个花序作为观测对象，采用目测法，观测盛花期花冠翼瓣的颜色。

1　白
2　淡黄
3　淡紫
4　其他

5.53 翼瓣形状

选取有代表性的成年树 3~5 株，在树冠中上部每株标定 6~10 个花枝，以其中的 1~3 个花序作为观测对象，采用目测法，观测盛花期花冠翼瓣的形状。

  1 卵状长圆形

  2 其他

5.54 龙骨瓣颜色

  选取有代表性的成年树 3~5 株，在树冠中上部每株标定 6~10 个花枝，以其中的 1~3 个花序作为观测对象，采用目测法，观测盛花期花冠龙骨瓣的颜色。

  1 白

  2 淡黄

  3 淡紫

  4 其他

5.55 龙骨瓣形状

  选取有代表性的成年树 3~5 株，在树冠中上部每株标定 6~10 个花枝，以其中的 1~3 个花序作为观测对象，采用目测法，观测盛花期花冠龙骨瓣的形状。

  1 阔卵状长圆形

  2 其他

5.56 荚果形状

  在果实成熟期，选取树冠中部向阳面生长健壮的果枝 10 条，以其上果实为观测对象，采用目测法，观察并确定果枝上荚果的形状。

  1 串珠状

  2 其他

5.57 荚果长度

  以 5.56 选取的果实作为观测对象，测量 50 枚荚果的长度，记录实测数据，计算平均值，单位为 cm，精确到 0.1 cm。

5.58 荚果宽度

  以 5.56 选取的果实作为观测对象，测量 50 枚荚果的宽度，记录实测数据，计算平均值，单位为 cm，精确到 0.1 cm。

5.59 荚果开裂

  以 5.56 选取的果实作为观测对象，采用目测法，观察荚果是否开裂。

  1 开裂

  2 不开裂

5.60 种子形状

  以 5.56 选取的果实作为观测对象，剥离出种子，采用目测法，观察种子的形状，确定种子形状。

1 椭圆形
2 圆形
3 卵形
4 其他

5.61 种子颜色

以 5.60 选取的种子作为观测对象，采用目测法，观察种子的颜色，与标准比色卡进行对比，确定种子颜色。

1 褐
2 黑
3 其他

5.62 种子长度

以 5.60 选取的种子作为观测对象，测量 50 粒种子的长度，记录实测数据，计算平均值，单位为 mm，精确到 0.1 mm。

5.63 种子宽度

以 5.60 选取的种子作为观测对象，测量 50 粒种子的宽度，记录实测数据，计算平均值，单位为 mm，精确到 0.1 mm。

5.64 种子千粒重

以 5.60 选取的种子作为观测对象，选取 400 粒种子分成 4 组，每组 100 粒，测量各组种子的总质量，记录实测数据，计算平均值后乘以 10，即为种子千粒重，单位为 g，精确到 0.1 g。

5.65 分枝能力

选取 3 株生长正常的成年植株，采用目测法，观察主干第一活枝 1 m 区段内当年萌发新枝的数量，作为判断分枝能力的依据。

1 低(≤5)
2 中等(5~10)
3 强(>10)

5.66 结实情况

槐种质的结实情况。秋季树体落叶后，采用目测法，观察枝条上是否有荚果。

1 有
2 无

5.67 萌芽期

于早春采用目测法，观察整个植株，5%叶芽鳞片开始分离，其间露出绿色痕迹的时间，以"月日"表示。

5.68 始花期

于早春采用目测法,观察整个植株,5%花全部开放的时间,以"月日"表示。

5.69 盛花期

于早春采用目测法,观察整个植株,25%花全部开放的时间,以"月日"表示。

5.70 末花期

于早春采用目测法,观察整个植株,75%花全部开放的时间,以"月日"表示。

5.71 果实成熟期

于果实成熟期采用目测法,观察整个植株,25%荚果成熟的时间为果实成熟期,以"月日"表示。

5.72 落叶期

在落叶期,采用目测法,观察整个植株,全树约有25%的叶片自然脱落的时间为落叶期,以"月日"表示。

5.73 生长期

计算自萌芽期至落叶期的天数。单位为d,精确到1 d。

6 品种特性

6.1 种子总黄酮含量

选择有代表性的成龄树3～5株,按测定目标选取成熟干燥的果实,种子总黄酮含量参照高效液相色谱法(《中华人民共和国药典》2020年版通则0512,下同)测定,单位为mg/g。

6.2 种子槐角苷含量

选择有代表性的成龄树3～5株,按测定目标选取成熟干燥的果实,种子槐角苷($C_{21}H_{20}O_{10}$)含量参照高效液相色谱法测定,单位为mg/g。

6.3 种子芦丁含量

选择有代表性的成龄树3～5株,按测定目标选取成熟干燥的果实,种子芦丁($C_{27}H_{30}O_{16}$)含量参照高效液相色谱法测定,单位为mg/g。

6.4 种子槲皮素含量

选择有代表性的成龄树3～5株,按测定目标选取成熟干燥的果实,种子槲皮素($C_{15}H_{10}O_7$)含量参照高效液相色谱法测定,单位为mg/g。

7 抗逆性

7.1 抗寒性

抗寒性鉴定采用人工冷冻法(参考方法)。

在深休眠的1月,从槐种质成龄结果树上剪取中庸的结果母枝30条,剪口蜡封后置于-25℃冰箱中处理24 h,然后取出,将枝条横切,对切口进行受害程度调查,记录枝条的受害级别。根据受害级别计算槐种质的受害指数,再根据受害指数大小评价槐种质的抗寒能力。抗寒级别根据寒害症状分为6级。

级别　寒害症状
0级　无冻害症状,与对照无明显差异
1级　枝条木质部变褐部分<30%
2级　30%≤枝条木质部变褐部分<50%
3级　50%≤枝条木质部变褐部分<70%
4级　70%≤枝条木质部变褐部分<90%
5级　枝条基本全部冻死

根据寒害级别计算冻害指数,计算公式为:

$$CI = \frac{\sum(x \cdot n)}{X \cdot N} \times 100$$

式中:CI——冻害指数
　　　x——受冻级数
　　　n——各级受冻枝数
　　　X——最高级数
　　　N——总枝条数

根据冻害指数及下列标准确定某种质的抗寒能力。
　　1　弱(寒害指数≥65.0)
　　2　中(35.0≤寒害指数<65.0)
　　3　强(寒害指数<35.0)

7.2 抗旱性

抗旱性鉴定采用断水法(参考方法)。

取30株1年生实生苗,无性系种质间的抗旱性比较试验要用同一类型砧木的嫁接苗。将小苗栽植于容器中,同时耐旱性强、中、弱各设对照。待幼苗长至30 cm左右时,人为断水,待耐旱性强的对照品种出现中午萎蔫、早晚舒展时，恢复正常管理。并对试材进行受害程度调查，确定每株试材的受害级别，根据受害级别计算受害指数，再根据受害指数的大小评价槐种质的抗旱能力。根据旱害症状将旱害级别分为6级。

级别　　旱害症状

0级　　无旱害症状

1级　　叶片萎蔫<25%

2级　　25%≤叶片萎蔫<50%

3级　　50%≤叶片萎蔫<75%

4级　　叶片萎蔫≥75%，部分叶片脱落

5级　　植株叶片全部脱落

根据旱害级别计算旱害指数，计算公式为：

$$DI = \frac{\sum(x \cdot n)}{X \cdot N} \times 100$$

式中：DI——旱害指数

　　　x——旱害级数

　　　n——受害株数

　　　X——最高旱害级数

　　　N——总株数

根据旱害指数及下列标准确定种质的抗旱能力。

　　1　弱(旱害指数≥65.0)

　　2　中(35.0≤旱害指数<65.0)

　　3　强(旱害指数<35.0)

7.3　耐涝性

耐涝性鉴定采用水淹法(参考方法)。

春季将层积好的供试种子播种在容器内，每份种质播种30粒，播种后进行正常管理；测定无性系种质的耐涝性，要采用同一类型砧木的嫁接苗。耐涝性强、中、弱的种质各设对照。待幼苗长至30 cm左右时，往水泥池内灌水，使试材始终保持水淹状态。待耐涝性中等的对照品种出现涝害时，恢复正常管理。对试材进行受害程度调查，分别记录槐种质每株试材的受害级别，根据受害级别计算受害指数，再根据受害指数大小评价各种质的耐涝能力。根据涝害症状将涝害分为6级。

级别　　涝害症状

0级　　无涝害症状，与对照无明显差异

1级　　叶片受害<25%，少数叶片的叶缘出现棕色

2级　　25%≤叶片受害<50%，多数叶片的叶缘出现棕色

3级　　50%≤叶片受害<75%，叶片出现萎蔫或枯死<30%

4级　　叶片受害≥75%，30%≤枯死叶片<50%

5级　　全部叶片受害，枯死叶片≥50%

根据涝害级别计算涝害指数，计算公式为：

$$WI = \frac{\sum(x \cdot n)}{X \cdot N} \times 100$$

式中：WI——涝害指数

　　　　x——涝害级数

　　　　n——各级涝害株数

　　　　X——最高涝害级数

　　　　N——总株数

根据涝害指数及下列标准，确定种质的耐涝程度。

1　弱（涝害指数≥65.0）

2　中（35.0≤涝害指数<65.0）

3　强（涝害指数<35.0）

8 抗病虫性

8.1 主要病害

槐种质常见主要病害：

1　腐烂病

2　瘤锈病

8.2 抗病性

槐种质对其常见主要病害（如8.1所述）的抗性强弱。

抗病性鉴定采用田间调查法（参考方法）。

每种质随机取样3~5株，记载每株的发病情况、群体类型、立地条件、栽培管理水平和病害发生情况。根据症状病情分为6级。

级别　　病情

0级　　无病症

1级　　枝条上有少量变色的病斑

2级　　枝条上病斑增多，粗糙的树皮上病斑边缘不明显

3级　　病斑继续扩展，并逐渐肿大，树皮纵向开裂

4级　　病斑包围枝干

5 级　　整个枝条或全株死亡

同时按下列公式计算病果率。

$$DP(\%) = \frac{n}{N} \times 100$$

式中：DP——染病率，%

　　　n——染病枝条数

　　　N——调查的总枝条数

根据病害级别和染病率，按下列公式计算病情指数。

$$DI = \frac{\sum (x \cdot n)}{X \cdot N} \times 100$$

式中：DI——病害指数

　　　x——该级病害代表值

　　　n——染病枝条数

　　　X——最高病害级的代表值

　　　N——调查的总枝条数

根据病情指数及下列标准确定槐种质的抗病性。

1　高抗（HR）（病情指数<5）

3　抗（R）（5≤病情指数<10）

5　中抗（MR）（10≤病情指数<20）

7　感（S）（20≤病情指数<40）

9　高感（HS）（40≤病情指数）

8.3　主要虫害

槐种质常见主要虫害：

1　槐小卷叶蛾

2　槐尺蠖

3　槐蚜

8.4　抗虫性

槐种质对其常见主要虫害（如8.3所述）的抗性强弱。

抗虫性鉴定采用田间调查法（参考方法）。

每种质随机取样3~5株，记载每株树的发病情况，并记载有病斑的个数、群体类型、立地条件、栽培管理水平和病害发生情况等。根据症状病情分为6级。

级别　　病情

0 级　　无病症

1级　　叶片为浅绿色至微黄绿色或浓绿至深绿色
2级　　叶背面聚集少量虫子吸食嫩叶汁液
3级　　叶片出现小面积失绿
4级　　叶片大面积失绿，叶背面聚集大量虫子
5级　　叶片干枯并脱落

调查后按下列公式计算染病率。

$$DP(\%) = \frac{n}{N} \times 100$$

式中：DP——染病率，%
　　　n——染病叶片数
　　　N——调查总叶片数

根据病害级别和染病率，按下列公式计算病情指数。

$$DI = \frac{\sum(x \cdot n)}{X \cdot N} \times 100$$

式中：DI——病害指数
　　　x——该级病害代表值
　　　n——染病叶片数
　　　X——最高病害级的代表值
　　　N——调查的总叶片数

根据病情指数及下列标准确定某种质的抗病性。

1　高抗（HR）（病情指数<5）
3　抗（R）（5≤病情指数<10）
5　中抗（MR）（10≤病情指数<20）
7　感（S）（20≤病情指数<40）
9　高感（HS）（40≤病情指数）

9　古树特性

9.1　古树名木

根据槐的树龄进行判断，树龄大于或等于100年的是古树。

1　是（树龄≥100年）
2　否（树龄<100年）

9.2　保护级别

古槐所符合的国家古树名木保护级别。

1　一级（树龄≥500年）
　　2　二级（300年≤树龄<500年）
　　3　三级（100年≤树龄<300年）

9.3　古树树龄

根据历史文献、田野访问，再结合测年技术判定古槐的树龄，单位为年。

9.4　主干中空

观察古槐的主干是否中空，为古槐树体健康的进一步保护提供依据。

　　1　是
　　2　否

9.5　健康状况

古槐的整体生长存活状况评估。

　　1　弱（生长势弱，大部分枝干已枯死，仅有少数枝条存活）
　　2　中（生长势中等，主要枝干还存活，能开花结实）
　　3　强（生长势旺盛，大部分枝干还存活，大量开花结实）

9.6　古树树高

用测高杆或者测高仪测量古槐树高，求其平均值。以实测为准，单位为m，精确到0.1 m。

9.7　古树胸径

在树干1.3 m处用测树胸径尺测量槐古树的胸径。以实测为准，单位为cm，精确到0.1 cm。

9.8　古树冠幅

用米尺测量古树的东西冠幅和南北冠幅，计算东西冠长和南北冠长的平均值。单位为m，精确到0.1 m。

10　其他特征特性

10.1　指纹图谱与分子标记

槐核心种质DNA指纹图谱的构建和分子标记类型及其特征参数。

10.2　备注

槐种质特殊描述符或特殊代码的具体说明。

槐种质资源数据采集表

		1 基本信息	
资源流水号(1)		资源编号(2)	
种质名称(3)		种质外文名(4)	
科中文名(5)		科拉丁名(6)	
属中文名(7)		属拉丁名(8)	
种名或亚种名(9)		种拉丁名(10)	
原产地(11)		原产省份(12)	
原产国家(13)		来源地(14)	
归类编码(15)			
资源类型(16)	1:野生资源(群体、种源) 2:野生资源(家系) 3:野生资源(个体、基因型) 4:地方品种 5:选育品种 6:遗传材料 7:其他		
主要特性(17)	1:高产 2:优质 3:抗病 4:抗虫 5:抗逆 6:高效 7:其他		
主要用途(18)	1:材用 2:食用 3:药用 4:防护 5:观赏 6:其他		
气候带(19)	1:热带 2:亚热带 3:温带 4:寒温带 5:寒带		
生长习性(20)	1:喜光 2:耐盐碱 3:喜水肥 4:耐干旱		
开花结实特性(21)		特征特性(22)	
具体用途(23)		观测地点(24)	
繁殖方式(25)			
选育(采集)单位(26)		育成年份(27)	
海拔(28)	m	经度(29)	
纬度(30)		土壤类型(31)	
生态环境(32)		年均温度(33)	℃
年均降水量(34)	mm	图像(35)	
记录地址(36)		保存单位(37)	

(续)

单位编号(38)		库编号(39)	
引种号(40)		采集号(41)	
保存时间(42)			
保存材料类型(43)	1:植株 2:种子 3:营养器官(穗条等) 4:花粉 5:培养物(组培材料) 6:其他		
保存方式(44)	1:原地保存 2:异地保存 3:设施(低温库)保存		
实物状态(45)	1:良好 2:中等 3:较差 4:缺失		
共享方式(46)	1:公益性 2:公益借用 3:合作研究 4:知识产权交易 5:资源纯交易 6:资源租赁 7:资源交换 8:收藏地共享 9:行政许可 10:不共享		
获取途径(47)	1:邮递 2:现场获取 3:网上订购 4:其他		
联系方式(48)		源数据主键(49)	
关联项目及编号(50)			

2 形态特征和生物学特性

生活型(51)	1:乔木 2:小乔木	树姿(52)	1:直立 2:开张 3:平展 4:下垂
树形(53)	1:卵形 2:圆头形 3:伞形	生长势(54)	1:弱 2:中 3:强
树高(55)	m	胸径(56)	cm
冠幅(57)	m	主干高(58)	m
通直度(59)	1:通直 2:弯曲		
幼树树皮颜色(60)	1:灰绿 2:灰褐 3:黄绿 4:其他	幼树皮孔颜色(61)	1:褐色 2:其他
幼树皮孔排列(62)	1:横 2:纵 3:横纵兼有	幼树皮孔密度(63)	1:疏 2:中 3:密
树皮颜色(64)	1:灰绿 2:灰白 3:灰褐 4:其他	树皮开裂形状(65)	1:不开裂 2:浅裂 3:深裂
树皮开裂形式(66)	1:纵裂 2:横裂 3:其他	树皮剥落(67)	1:是 2:否
树干皮孔(68)	1:清晰可见 2:隐约可见 3:无	根颈根系凸起(69)	1:是 2:否
枝条扭曲(70)	1:是 2:否	枝条密度(71)	1:稀疏 2:中等 3:密集
幼枝颜色(72)	1:绿 2:黄绿 3:黄 4:其他	枝下高(73)	m
自然整枝(74)	1:差 2:中等 3:好		
复叶类型(75)	1:羽状复叶 2:掌状复叶	复叶长度(76)	cm

(续)

复叶宽度(77)	cm	托叶形状(78)	1:卵形 2:线形 3:钻状 4:其他
小叶形状(79)	1:卵状披针形 2:卵状长圆形 3:其他	小叶叶基形状(80)	1:宽楔形 2:近圆形 3:其他
小叶叶缘形状(81)	1:全缘 2:浅裂 3:深裂	叶着色类型(82)	1:均色 2:嵌色
均色叶颜色(83)	1:浅绿 2:绿 3:深绿 4:黄绿 5:其他	嵌色叶主色(84)	1:黄 2:浅绿 3:绿 4:深绿 5:其他
嵌色叶次色(85)	1:黄 2:绿 3:其他	叶背颜色(86)	1:灰白 2:其他
叶背被毛(87)	1:有 2:无	叶尖形状(88)	1:渐尖 2:钝尖 3:凹陷 4:其他
小叶对数(89)	1:1~2对 2:3~7对 3:7对以上	小叶长度(90) cm	小叶宽度(91) cm
花序类型(92)	1:圆锥花序 2:其他	花萼形状(93)	1:浅钟状 2:其他
萼齿形状(94)	1:圆形 2:钝三角形 3:其他	花冠形状(95)	1:蝶形 2:其他
花着色类型(96)	1:均色 2:间色	间色花类型(97)	1:旗瓣间色 2:翼瓣间色 3:龙骨间色 4:其他
均色花冠颜色(98)	1:白 2:淡黄 3:其他	间色花主色(99)	1:白 2:淡黄 3:浅粉红 4:其他
旗瓣颜色(100)	1:白 2:淡黄 3:浅粉红 4:其他	旗瓣形状(101)	1:近圆形 2:其他
翼瓣颜色(102)	1:白 2:淡黄 3:淡紫 4:其他	翼瓣形状(103)	1:卵状长圆形 2:其他
龙骨瓣颜色(104)	1:白 2:淡黄 3:淡紫 4:其他	龙骨瓣形状(105)	1:阔卵状长圆形 2:其他
荚果形状(106)	1:串珠状 2:其他	荚果长度(107) cm	荚果宽度(108) cm
荚果开裂(109)	1:开裂 2:不开裂	种子形状(110)	1:椭圆形 2:圆形 3:卵形 4:其他
种子颜色(111)	1:褐 2:黑 3:其他	种子长度(112)	mm
种子宽度(113)	mm	种子千粒重(114)	g
分枝能力(115)	1:低 2:中等 3:强	结实情况(116)	1:有 2:无
萌芽期(117)	月 日	始花期(118)	月 日
盛花期(119)	月 日	末花期(120)	月 日
果实成熟期(121)	月 日	落叶期(122)	月 日
生长期(123)	d		

（续）

3 品质特性			
种子总黄酮含量(124)	mg/g	种子槐角苷含量(125)	mg/g
种子芦丁含量(126)	mg/g	种子槲皮素含量(127)	mg/g
4 抗逆性			
抗寒性(128)	1:弱 2:中 3:强	抗旱性(129)	1:弱 2:中 3:强
耐涝性(130)	1:弱 2:中 3:强		
槐腐烂病抗性(131)	1:高抗(HR) 3:抗(R) 5:中抗(MR) 7:感染(S) 9:高感(HS)		
槐瘤锈病抗性(132)	1:高抗(HR) 3:抗(R) 5:中抗(MR) 7:感染(S) 9:高感(HS)		
槐小卷叶蛾抗性(133)	1:高抗(HR) 3:抗(R) 5:中抗(MR) 7:感染(S) 9:高感(HS)		
槐尺蠖抗性(134)	1:高抗(HR) 3:抗(R) 5:中抗(MR) 7:感染(S) 9:高感(HS)		
槐蚜抗性(135)	1:高抗(HR) 3:抗(R) 5:中抗(MR) 7:感染(S) 9:高感(HS)		
5 古树特性			
古树名木(136)	1:是 2:否	保护级别(137)	1:一级 2:二级 3:三级
古树树龄(138)	年	主干中空(139)	1:是 2:否
健康状况(140)	1:弱 2:中 3:强	古树树高(141)	m
古树胸径(142)	cm	古树冠幅(143)	m
6 其他特征特性			
指纹图谱与分子标记(144)		备注(145)	

填表人： 审核： 日期：

槐种质资源调查登记表 七

调查人			调查时间		
采集资源类型	□野生资源(群体、种源) □野生资源(个体、基因型) □遗传材料		□野生资源(家系) □地方品种 □其他		□选育品种
采集号			照片号		
地点					
北纬	°	′ ″	东经	°	′ ″
海拔	m		坡度	°	坡向
土壤类型					
树姿	□直立 □开张 □平展 □下垂				
树形	□卵形 □圆头形 □伞形				
生长势	□弱 □中 □强				
通直度	□通直 □弯曲				
根颈根系凸起	□是 □否				
古树名木	□是 □否				
保护级别	□一级 □二级 □三级				
树龄	年	树高	m	胸径	cm
冠幅	m				
其他描述					
权属			管理单位/个人		

填表人：　　　　　审核：　　　　　日期：

八 槐种质资源利用情况登记表

种质名称					
提供单位		提供日期		提供数量	
提供种质类　型	地方品种□　育成品种□　高代品系□　国外引进品种□　野生种□ 近缘植物□　遗传材料□　突变体□　其他□				
提供种质形　态	植株(苗)□　果实□　籽粒□　根□　茎(插条)□　叶□　芽□　花(粉)□ 组织□　细胞□　DNA□　其他□				
资源编号			单位编号		

提供种质的优异性状及利用价值：

利用单位		利用时间	
利用目的			

利用途径：

取得实际利用效果：

种质利用单位：　　　　　　　　　　　　　　种质利用者：
　　(盖章)　　　　　　　　　　　　　　　　　(签名)
　　　　　　　　　　　　　　　　　　　　　　年　　月　　日

参考文献

曹一化，刘旭，2006. 自然科技资源共性描述规范[M]. 北京：中国科学技术出版社.

陈德昭，陈邦余，方云忆，等，1994. 中国植物志：第四十卷　豆科[M]. 北京：科学出版社.

楚晓晓，杨勇，李双云，等，2019. 古槐树叶片主要性状多样性分析[J]. 浙江林业科技，39(2)：36-41.

付允，李小清，张庆贺，等，2018. 槐角有效成分的研究进展[J]. 特产研究(4)：95-97.

国家药典委员会，2020. 中华人民共和国药典[M]. 北京：中国医药科技出版社.

纪永贵，2006. 槐树的实用功能与文化象征[J]. 北京林业大学学报(社会科学版)，5(4)：1-7.

贾玉林，金珠捷，2006. 上海绿化的一抹新绿——金枝槐[J]. 园林(12)：30.

林将之，2010. 叶问：根据树叶鉴别身边的树种[M]. 北京：化学工业出版社.

凌敏，李祖强，罗蕾，等，2001. 槐属植物化学成分研究概况[J]. 西南林学院学报，21(2)：119-128.

刘丽丽，李晓霞，陈玥，等，2014. 槐米中酚酸化学成分的研究[J]. 天津中医药大学学报，33(1)：39-41.

马其云，1990. 槐属分类系统的修订[J]. 植物研究，10(4)：77-85.

邱延昌，张秀省，黄勇，等，2008. 国槐新品种'聊红'槐[J]. 林业科学，44(5)：173.

任宪威，朱伟成，2007. 中国林木种实解剖图谱[M]. 北京：中国林业出版社.

王增禄，王多宁，王剑波，等，2003. 槐角苷的紫外分光光度法检测[J]. 第四军医大学学报，24(14)：1320.

赵合娥，朱青，刘建军，等，2009. 曹州国槐新品种选育研究[J]. 山东林业科技(4)：24-26.

赵燕，侯桂玲，张秀省，等，2007. 国槐及其变种变型花粉形态的比较研究[J]. 聊城大学学报，20(1)：53-55.

郑万钧，1985. 中国树木志——蝶形花科：第二卷[M]. 北京：中国林业出版社.

郑勇奇，李斌，李文英，等，2020. 中国作物及其野生近缘植物——林木卷[M]. 北京：中国农业出版社.